Daniel Hampicke

Dritte Welt, Entwicklungsländer, Schwellenländer. Historische und gegenwärtige Bedeutung

GRIN Verlag

Bibliografische Information der Deutschen Nationalbibliothek:

Die Deutsche Bibliothek verzeichnet diese Publikation in der Deutschen Nationalbibliografie; detaillierte bibliografische Daten sind im Internet über http://dnb.d-nb.de/ abrufbar.

Impressum:

Druck und Bindung: Books on Demand GmbH, Norderstedt Germany
ISBN: 978-3-638-91512-0

Dieses Buch bei GRIN:

http://www.grin.com/de/e-book/84727/dritte-welt-entwicklungslaender-schwellen-laender-historische-und-gegenwaertige

Eberhard-Karls-Universität Tübingen
Institut für Geographie
HS Regionalforschung und Raumplanung in Lateinamerika

Dritte Welt, Entwicklungsländer, Schwellenländer: Ihre historische und gegenwärtige Bedeutung

Daniel Hampicke

Inhalt

Verzeichnis der Abkürzungen

APQLI	Augmented Physical Quality of Life Index
BIP	Bruttoinlandsprodukt
BSP	Bruttosozialprodukt
CEPAL	Comisión Económica para América Latina y el Caribe
DAC	Development Assistance Committee
EVI	Economic Vulnerability Index
EWL	Entwicklungsländer
EZ	Entwicklungszusammenarbeit
IL	Industrieländer bzw. -staaten
HDI	Human Development Index
HIPC	Highly Indebted Poor Countries
HPI	Human Poverty Index
LA	Lateinamerika
LDC	Least Development Countries
LLC	Land-Locked Developing Countries
MSAC	Most Seriously Affected Countries
NGO	Non Governmental Organisation
NIC	Newly Industrializing Contries
OECD	Organisation for Economic Coopoeration and Development
PKE	Pro-Kopf-Einkommen
SIDS	Small Island Developing States
SILIC	Severely Indebted Low-Income Contries
SIMIC	Severely Indebted Middle-Income Contries
SL	Schwellenländer
UE	Unterentwicklung
UN	United Nations
UNDP	United Nations Development Programm
UNRISD	United Nations Research Institute for Social Development

Tabellenverzeichnis

Abbildungsverzeichnis

1. Vorbemerkung

Mit Beginn der Menschheitsgeschichte haben sich Disparitäten im Zugang zu Ressourcen herausgebildet, welche hauptsächlich auf die unterschiedlichen natürlichen Bedingungen der jeweiligen Regionen zurückzuführen waren. Der Mensch ist ein Teil der Natur und bedient sich der gegebenen Ressourcen, um seine Bedürfnisse zu befriedigen. Mit der Industrialisierung und der aufkommenden Wissenschaften wurden jedoch natürliche Phänomene hinterfragt, um Erklärungen zu finden. Eine der gestellten Fragen richtete sich auf die Gründe für die unterschiedlichen Lebensbedingungen in verschiedenen Regionen. Eine Beschränkung auf die Analyse der natürlichen Faktoren zeigte jedoch sehr schnell die Grenzen auf, da die Ergebnisse eher unbefriedigend waren. Es stellte sich heraus, dass unterschiedliche Lebensbedingungen nicht allein an natürlichen Bedingungen geknüpft sind. Besonders in soziologischen Studien wurde auf die Spezies „Mensch" als Gestaltungssubjekt seiner eigenen Umwelt hingewiesen, welche aufgrund der verändernden und erweiternden Bedürfnisse des Menschen einer zunehmenden Anpassung unterlag. Der Mensch gestaltet demnach seine Umwelt nach seinen neuen Bedürfnissen. Daher mussten in eine Analyse auch der Faktor Mensch als gesellschaftliches Wesen mit einfließen. Die Situationsanalysen begannen mit der Kategorisierung der Staaten nach ihren Lebensbedingungen und zeigten zum Teil erhebliche Diskrepanzen auf. In den fünfziger Jahren des letzten Jahrhunderts entwickelte sich eine Debatte, welche sich der Erklärung dieser Disparitäten widmete und neben natürlichen Faktoren auch gesellschaftliche Unterschiede in Betracht zog. Eine grobe Einteilung erhielt man durch die evolutionistisch geprägte Kategorisierung in „Entwicklungsländer" und „Industrieländer", welche mit zunehmendem Kenntnisstand erweitert beziehungsweise verändert wurde.

Im Rahmen dieser Arbeit soll es hauptsächlich um die Begriffe der Dritten Welt, der Entwicklungsländer sowie der Schwellenländer gehen. Auf der Suche nach Erklärungsmodellen für die UE wurden verschiedene Theorien aufgestellt, von denen aus Platzgründen nur die Wichtigsten behandelt werden. Folglich wird auch das von Menzel postulierte Ende der Dritten Welt im Blickfeld der Untersuchungen liegen. Aufgrund der Schwäche der verschiedenen Ansätze begann sich eine Konzentration auf Indikatoren herauszubilden, die ausführlich diskutiert werden, wobei ihre Stärken und Schwächen gleichsam beleuchtet werden sollen. Im Hinblick auf diese Indikatoren kam es von verschiedenen internationalen Organisationen zu Klassifizierungen, welche Gegenstand dieser Abhandlung sein sollen. Abschließend ist es notwendig, einen Überblick über die gegenwärtige entwicklungspolitische Diskussion zu geben, welche von neuen Ansätzen begleitet sind. Einige dieser Ansätze sollen vorgestellt und diskutiert werden um einen groben Blick auf die Forschungsrichtung darzulegen. Das Ziel ist eine komplexe Darstellung der EWL in der historischen sowie gegenwärtigen entwicklungspolitischen Debatte.

2. Dritte Welt, Entwicklungsländer und Schwellenländer

2.1 Die Prozesshaftigkeit eines statischen Begriffs: Entwicklungsland

Seit Beginn der Entwicklungsdebatte steht die Wissenschaft vor dem Problem der Begriffsdefinition. In diesem Zusammenhang ist es sehr schwierig, wenn nicht sogar unmöglich, die Entwicklung als Begriff zu fassen. Entwicklung stellt selbst keinen Zustand dar, der anhand bestimmter Indikatoren gemessen oder dargestellt werden kann, sondern beschreibt einen Prozess. Nach NOHLEN (2002: 227) ist dieser Begriff „...weder [...] allgemein gültig definierbar noch wertneutral, sondern abhängig von Raum und Zeit sowie [...] von individuellen und kollektiven Wertvorstellungen.“. Allein durch den Verweis auf Raum und Zeit wird die Prozesshaftigkeit dieses Begriffs deutlich und unterstreicht somit den normativen Charakter. Im Bezug zur Abhängigkeit von individuellen und kollektiven Bewertungen ist eine Gebundenheit des Begriffes vom Betrachter vorgegeben. Damit soll die Erkenntnis einer Entwicklung angedeutet werden, welche von den jeweiligen gesellschaftlichen Umständen bestimmt wird und aufgrund der Mannigfaltigkeit menschlicher Gesellschaftsformen auch in deren Empfindungen variieren. Gesellschaftliche Transformationen und deren Ursachen werden von den Personen wahrgenommen und als Fortschritt oder Regression bewertet, wobei dies von der jeweiligen Veränderung der Lebensbedingungen abhängt. Eine Optimierung wird als eine Verbesserung der individuellen Bedingungen registriert und auch auf die Gruppe übertragen. Dadurch kommt es zu einer positiven Bewertung der gesellschaftlichen Veränderungen, welche im Nachhinein als positive Entwicklungen dargestellt werden. In diesem Zusammenhang kann ein historischer Wandel des Begriffs in Bezug auf das Wohlstandsniveau einer Gesellschaft konstatiert werden, welcher auch von Erfahrungen geprägt ist. Da die Anpassungen an ein natürliches oder auch human verändertes Umfeld ein wesentliches Element des Menschen darstellt, ist eine menschliche Gesellschaft ständig in Bewegung und verändert so ihr eigenes Umfeld, was einer Entwicklung - in welche Richtung auch immer - gleichkommt.

MENZEL (1993: 132) gibt eine Definition von Entwicklung, die auf den ersten Blick doch recht einfach gestrickt zu sein scheint, sich aber dennoch nicht von statistischen Winkelzügen leiten lässt. Für ihn bedeutet Entwicklung eine Aussage, welche begründet, „...warum es in den Industriegesellschaften [...] zu Wirtschaftswachstum, Industrialisierung, sozialer Differenzierung und Mobilisierung, mentalen Wandel, Demokratisierung und Umverteilung gekommen ist bzw. warum in [anderen] Teilen der Welt diese Prozesse ausbleiben [oder] nur unvollständig realisiert werden...“. Diese Interpretation ist sehr schlüssig, aber nicht kritiklos hinzunehmen. Dies betrifft die Demokratisierung, welche der Autor als das höchste Ziel darstellt, ohne jedoch die Möglichkeit einzuräumen, dass Demokratie nicht in allen Staaten der Welt möglich, beziehungsweise nur in abgewandter oder geschwächter Form umsetzbar ist.

Auch wenn von einer Demokratisierung als Folge einer Entwicklung ausgegangen wird, setzt dies nicht voraus, dass es zu einer wahren Demokratie kommt.

Nachdem es sich als äußerst schwierig erwiesen hat, den Begriff der „Entwicklung" zu definieren, ist auch von einer schwierigen Definition des hier behandelten Begriffs der „Entwicklungsländer" auszugehen. Allein seine Verwendung setzt eine Entwicklung voraus, wobei es als individuell fragwürdig gelten kann, ob sich ein Land entwickelt. Hier muss jedoch auch von der Behauptung ausgegangen werden, wonach sich ein Land nicht entwickelt, was wiederum eine diskriminierende Bedeutung impliziert. Eine Stagnation kann auch mit Blick auf den Begriff "Entwicklung" keinesfalls konstatiert werden, da es sich um einen fortwährenden Prozess handelt. Die Frage sollte also weniger auf den Begriff selbst gerichtet sein. Vielmehr geht es hauptsächlich darum wie eine Entwicklung vonstatten geht. Es stellt sich demnach nicht die Frage nach ihrer Tatsache, sondern eher nach ihrer Art und ihrem Ziel. In diesem Zusammenhang muss nach den dynamischen Entwicklungszusammenhängen gefragt und auf deren prozessuale Ausrichtung eingegangen werden. Bei der Betrachtung der Länder im Hinblick auf ihren Entwicklungsstand ist es notwendig sich auf einen statischen Aspekt zu beziehen, wobei es sich in diesem Augenblick mehr um eine Momentaufnahme handelt, und mehrere Momentaufnahmen den prozessualen Charakter widerspiegeln.

In der Vergangenheit gab es verschiedene Versuche, sich von diesem sehr allgemein gehaltenen Begriff zu lösen. Andere Beispiele zur Spezifizierung sind Bezeichnungen wie arme, rückständige, unentwickelte, unterentwickelte oder periphere Länder. Allein die Vielzahl der vorgeschlagenen Termini zeigt die Schwierigkeit einer eindeutigen Begriffsbestimmung. Es ist zum großen Teil nicht gelungen, sich von der prozessualen Ausrichtung der Entwicklung zu lösen. Auch HEMMER (2002: 5) bevorzugt den eher abwertenden Begriff der rückständigen Länder und gibt eine Interpretation, welche das Dilemma der Wissenschaft widerspiegelt. Er bezeichnet die Entwicklungsländer als „...jene Länder, deren bislang erreichter Lebensstandard hinter den meist als Vorbild angesehenen Ländern [...] zurückgeblieben ist.". Damit legt er die entwickelten Länder als eine zu erreichende Norm fest, wobei er jedoch nicht näher auf die Frage eingeht, was denn direkt als Norm angesehen wird. Hierbei ergibt er sich den Vorwurf einer Homogenität, welche - aufgrund kultureller Unterschiede (wenn auch nur kleiner) - nicht existiert. Vielmehr trennt er sich von dem fragwürdigen Begriff der „Entwicklung" und versucht nun anhand eines anderen Terminus eine Definition aufzustellen. Dieser Versuch mag zwar in einem allgemein gehaltenen Rahmen ausreichend sein, sagt aber nichts über das Problem der Wissenschaft aus. Auch wenn seine Ausführungen als zutreffend anzusehen sind, impliziert dies keine Aussagen zu der eigentlichen Frage nach dem Wesen der EWL. Ein Verweis auf die Rückständigkeit der EWL soll demzufolge ausreichend sein, um diese zu erklären. Nun räumt der Autor selber ein, dass sich eine Begriffsfindung als sehr schwierig erweist, wofür ihm kein Vorwurf zu machen ist.

BOBEK (1962: 68) betrachtet in diesem Zusammenhang die EWL als unterentwickelte Staaten und findet sogleich eine Interpretation dieses Begriffs. „Als „unterentwickelt" betrachtet man heute Länder oder Bevölkerungen, die einen extrem niedrigen Lebensstandard aufweisen, genauer gesagt, in denen die große Mehrheit der Bevölkerung durch bittere Armut und meist auch chronische Unterernährung gekennzeichnet ist, während ihre Wirtschaft offenkundig der Fähigkeit zur Entfaltung der Produktivkräfte im nötigen Ausmaße aus Eigenem entbehrt." In Anbetracht dieser Definition wird bewusst, wie wenig über die Problematik der EWL bekannt ist. Auch wenn BOBEK's Interpretation als zutreffend gelten kann, entblößt sie doch nicht das eigentliche Problem der Spezifizierung. Er geht nicht näher auf die Faktoren des niedrigen Lebensstandards, der bitteren Armut oder der chronischen Unterernährung ein und definiert auch kein Optimum. Es fehlen Referenzwerte, von denen aus er die UE betrachtet. Weiterhin bezeichnet er die industrialisierten Länder als „entwickelt", „...während das Prädikat „unterentwickelt" allen jenen Ländern zuteil wird, denen es noch nicht gelungen ist, sich in entsprechenden Umfang zu industrialisieren oder [...] ihre Produktion im Sinne des Industrialismus zu rationalisieren." (BOBEK 1962: 78). In dem Moment, wo er die IL als „entwickelt" bezeichnet, verfällt er einem Ethnozentrismus, welcher in vielen Gesichtspunkten kritisiert wurde. Er betrachtet die EWL vom Standpunkt seiner eigenen Gesellschaft und stellt deren Rückständigkeit in den Vordergrund, wodurch industrialisierte Länder mit dem Prädikat der optimalen Entwicklung versehen werden. Auch wenn diese Aussagen als äußerst zweifelhaft empfunden werden können, sagt es nichts über die Grenze zu unterentwickelten Ländern oder über die Frage, wo denn nun die eigentliche UE beginnt. Dazu werden statistische Abgrenzungen benötigt, die genauere Auskunft darüber geben könnten. Allerdings hält sich der Autor fern von statistischen Abgründen, was in diesem Zusammenhang auch als durchaus wünschenswert gelten kann.

An anderer Stelle definiert MENZEL (1992: 71f) die unterentwickelten Länder als Staaten, in denen „...die Armut, die weitverbreitete Unterernährung und eine Wirtschaftsstruktur, die im wesentlichsten noch von der Landwirtschaft bestimmt und überdies betriebstechnisch rückständig ist.". Natürlich betreffen auch diese Aspekte eine UE, wobei es keine Referenzwerte gibt, um diese in irgendeiner Weise zu klassifizieren. Um dies zu umgehen, bezieht er sich auf die UN, die ein Durchschnittseinkommen von weniger als 300 $, einem Kalorienverbrauch unterhalb dem Weltdurchschnitt, welcher bei ca. 2500 Kal liegt, sowie einem Beschäftigungsanteil der Landwirtschaft von 2/3 der Gesamtbevölkerung angibt. Sicher sind diese Daten nicht sehr aufschlussreich, weil verallgemeinernd. Aus diesem Grund können sie weniger zu einer genauen Klassifizierung beitragen, da ein Durchschnittseinkommen nicht die Einkommensverteilung berücksichtigt und ein Beschäftigungsanteil in der Landwirtschaft erfasst, welcher den informellen Sektor der urbanen Zentren vernachlässigt, obwohl genau dort eine weitaus höhere Armut wahrscheinlich ist.

Wie in den IL unschwer zu beobachten ist, haben wirtschaftlich nutzbare Kenntnisse und Fertigkeiten zu einem gewissen materiellen Wohlstand der Gesellschaften geführt. Auch wenn dies als durchaus zutreffend einzuschätzen ist, deutet solch eine eher wirtschaftliche Betrachtungsweise auf eine Verkennung des Problems hin. Es kann nicht das Ziel sein, den gesamtgesellschaftlichen Kontext zu vernachlässigen und sich einzig und allein auf ökonomische Faktoren zu beziehen. In diesem Zusammenhang muss auf Einkommensunterschiede, Wohlstandsgefälle, sowie auf die Fähigkeit, bestimmte Lebensbedingungen bereitstellen zu können, welche wiederum von sozialen oder kulturellen Faktoren abhängen, verwiesen werden. Schlussendlich müssen mehrere Faktoren in eine Definition einfließen, wobei es sich als unmöglich erweist, allgemeine Aussagen zu treffen, die als hinreichende Bedingung einer Klassifizierung gelten können. Grobe Einteilungen erweisen sich als unzureichend, da verschiedene Aspekte einer menschlichen Gesellschaft nur ungenügend in eine Definition einfließen und somit eine Klassifizierung oder Polarisation in Entwicklungs- und Industrieländer unmöglich macht.

2.2 Die Dritte Welt im entwicklungstheoretischen Kontext

Auf den ersten Blick hat dieser seit 1955 bestehende Begriff eine etwas abwertende Konnotation, obwohl dies nicht beabsichtigt war, als er geschaffen wurde. Seine Entstehung geht zurück auf die Epoche des Kalten Krieges, während die Welt eine Blockteilung aufwies. Auf der einen Seite standen die kapitalistischen Staaten, welche als „Erste Welt“ bezeichnet wurden. Demgegenüber gab es die sozialistischen Staaten, die den Begriff der „Zweite Welt“ zugeteilt bekamen. Bei dieser Polarisation fielen einige Staaten durch das Raster, da sie sich zu keiner der beiden Blöcke zugehörig fühlten und eher einen unabhängigen Weg zu verfolgen suchten und sich daher als eine „Dritte Welt“ bezeichneten. Bis Mitte der achtziger Jahre waren dies die spezifischen Einheiten des Weltsystems. Dieser Begriff hatte vorerst eine politische Bedeutung, mit dem es zu einer Abgrenzung kommen sollte. Die einsetzende Solidaritäts- und Blockfreienbewegung der „Gruppe der 77“ suggerierte im Nachhinein eine gemeinsame Interessenlage, welche darauf hinaus lief, dass „...gemeinsame politische Handlungen [...] und eine kollektive Lösung der Probleme der „Dritten Welt“ möglich sei.“ (MENZEL 1992: 39f). Damit sollte der „...Selbstbehauptungswillen der [EWL] in der sich seit Beginn der 70er Jahre verschärfenden Auseinandersetzung um eine neue Weltwirtschaftsordnung...“ (NOHLEN 1993: 18) symbolisiert werden. Bezugnehmend auf LA schlossen sich einige Staaten dieser blockfreien Bewegung an, und zeigten ihre ideologische Unabhängigkeit, wobei allerdings der Einfluss der USA in diesem Kontext nicht übersehen werden konnte. (vgl. REHRMANN 2005) Spätestens mit dem Zusammenbruch der Zweiten Welt und damit der Optionen für einen Weg zwischen Kapitalismus und Sozialismus, sollte, so MENZEL (1992), auch das Ende der Dritten Welt erreicht sein. Der sich nun entwickelnde Eine-Welt-Diskurs machte eine weitere Einteilung unbrauchbar. Es begann sich ein globale Dynamik herauszubilden, welche weniger von den Staaten beeinflusst wurde. Besonders multinationale und transnationale Akteure sorgten nun für die Änderung der Produktionsverhältnisse zu Lasten der EWL. Die abwertende Bedeutung dieses Begriffes stellte sich mit der zunehmenden Abhängigkeit von den IL ein, da gerade diese Länder einen Nachteil in ihrer Produktionskapazität aufwiesen, welche sie als arm oder auch unterentwickelt deklarierte. Mit dem Ende des Ost-West-Konflikts konnte diese Polarisation der Welt nicht mehr aufrechterhalten werden.

2.3 Schwellenländer und das Scheitern der Theorien

Nachdem die ehemaligen Kolonien ihre nationale Unabhängigkeit erreichten, setzte ein Heterogenisierungsprozess ein, welcher die erklärenden theoretischen Ansätze vor Probleme stellten. Es wurde absehbar, dass allgemein gehaltene Ansprüche nicht mehr tragbar seien, was sich auch auf deren Legitimation auswirkte. Ging man von einer strengen Homogenität der EWL im Hinblick auf die modernisierungs- oder dependenztheoretischen Ansätze aus, so entzogen sich gerade diese Staaten, welche als eigentliches Forschungsobjekt galten, einer theoretischen Betrachtungsweise aufgrund der eben nicht mehr gegebenen Homogenität. In modernisierungstheoretischer Hinsicht wurde der Aspekt des weltweiten wirtschaftlichen, sozialen und politischen Wandels nicht erfüllt, da sich ein Wachstum nur partiell einstellte und lange nicht alle Bevölkerungsschichten davon profitierten. Während Wissenschaftler noch immer nach einer Legitimation dieser Theorie suchten, wollten lokale Eliten ihre Pfründe verteilen um ihre Macht oder ihr Prestige zu steigern. (vgl. MENZEL 1992: 47) Auch in politischer Hinsicht konnte der modernisierungstheoretische Ansatz seiner optimistischen Annahme zur zwangsläufigen Demokratisierung nicht standhalten. (ebd: 37) Bezugnehmend auf LA sei auf die Entstehung autoritärer Regime ab den siebziger Jahren verwiesen. Aus dependenztheoretischer Sicht konnte die Annahme peripherer, abhängiger Staaten ebenso wenig gehalten werden, da sich dieses Paradigma nicht verifizieren ließ.

In diesem Zusammenhang sei auf die SL verwiesen, welche eben doch eine gewisse Annäherung an die Staaten der Ersten Welt durch erfolgreiche Industrialisierungs- und Agrarmodernisierungsprozesse aufwiesen. MENZEL (1992: 29) bezeichnet diese als Staaten, welche „...bereits über viele Attribute westlicher Industriegesellschaften verfügen und ihrerseits einen bemerkenswerten Verdrängungswettbewerb auf den Weltmärkten auslösen.". SL, welche auch als NIC's bezeichnet werden, traute man einen „...erfolgreichen Prozess nachholender in- dustrieller Entwicklung zu..." (Nohlen 2002: 708). Sie verfügten über hohe Wachstumsraten und einer diversifizierten Industrieproduktion, wodurch es ihnen gelang, die

Abhängigkeit von der Weltwirtschaft zu überwinden. Als Beispiele hierfür können einige Staaten LAs aufgezählt werden. So ist es fraglich, inwieweit Brasilien, Argentinien, Chile oder Mexiko als EWL gelten. Obwohl gewisse Abhängigkeiten nicht zu verleugnen sind, habe sie es doch geschafft, einen Industrialisierungsprozess in Gang zu bringen. Auch wenn dieser mit einer exorbitanten Verschuldung einherging, konnte ein Wirtschaftswachstum erzielt werden. Jedoch war das mit einer zunehmenden Polarisierung der Gesellschaft verbunden. Besonders in dieser Region beschränkten sich Wachstumsimpulse auf die urbanen Zentren des Landes und periphere Regionen wurden, mit der folgenden Verarmung weiter Bevölkerungsteile, abgekoppelt. Im weiteren Kontext wurden die ostasiatischen Tigerstaaten (Südkorea, Taiwan, Singapur, Hongkong) und auch europäische Länder, wie Malta, Griechenland oder Portugal mit dem Prädikat der SL versehen. Allerdings sind gewisse Unterschiede im Bezug zu LA zu konstatieren. Die Tigerstaaten konnten auf eine Entwicklung unter Einbezug peripherer Bevölkerungsteile verweisen, so dass es zu einer geringeren Polarisation kam. Periphere Regionen wurden mehr oder minder in dieses Modell mit einbezogen, was eine bessere Verteilung der Einkommen nach sich zog und mehrere Bevölkerungsschichten daran partizipierten. In der weiteren Entwicklung sollte sich die angenommene Homogenität der SL als ein Phantasma erweisen. Besonders die Tigerstaaten und europäische Länder setzten sich von diesem Terminus ab. Das Aufschließen zu den IL war nicht länger zu übersehen, so dass besonders die Staaten des asiatischen Erfolgsmodells heute auf eine hochentwickelte und technologisierte Gesellschaft blicken können, welche den Vergleich mit den IL nicht zu scheuen braucht. LA erhoffte sich ebensolche Entwicklungen, welche jedoch durch die bleibenden Abhängigkeiten eher bescheiden blieben. Aufgrund der Tatsache der Anpassungserfolge konnten besonders dependenztheoretische Erklärungsmodelle nicht mehr gehalten werden. Was eine weitere Analyse der EWL anging, so zeigte sich doch der zunehmende Druck, endogene sowie exogene Faktoren in die Betrachtung einfließen zu lassen. Diesem Anspruch konnte keine der Theorien standhalten und es kam in stärkerem Maße zu einer „Vermischung" beider Sichtweisen, wodurch sich auch die Wissenschaftler selbst genötigt sahen, von ihrer jeweiligen theoretischen Ausrichtung abzuweichen und auch Argumente der jeweils anderen Theorie zuzulassen.

Nach MENZELs Ansicht geht das Scheitern der großen Theorien mit dem Ende der Dritten Welt einher. In diesem Zusammenhang ist der Autor sehr stark theoretisch fokussiert und kon- statiert das Ende der Dritten Welt durch den fehlenden erklärenden Ansatz. Damit legt er nahe, dass ein Untersuchungsgegenstand nur insoweit existent ist, wie dieser auch definiert und dessen Entstehung theoretisch erklärt werden kann. Er betrachtet zwar beide Theorien als gleichständig und lässt sich nicht als ein Anhänger einer Theorie klassifizieren, wobei er nach allgemeinen Erklärungen sucht aber nach der Erkenntnis der Unzulänglichkeit beider Ansätze doch sehr schnell aufgibt und die EWL ihrem Schicksal überlassen möchte. Demnach ist eine entwicklungspolitische Debatte nur möglich, wenn ihr Untersuchungsobjekt mit einer oder mehreren Theorien legitimiert ist. Auch wenn dem zugestimmt werden kann, bleibt es doch bei der Tatsache der Existenz einer Dritte Welt. Es ist schwer möglich, ein Problem anhand eines Mangels an Erklärungsansätzen zu übergehen. Vielmehr muss nach Lösungsansätzen gesucht werden, auch ohne den Rückgriff auf den - für MENZEL notwendigen - Erklärungsansatz.

Auch wenn statistische Daten in einigen Fällen nur schwer zugänglich sind, ist es dennoch möglich, eine Forschung zu betreiben. Der Vorwurf MENZEL's, wonach der Wissenschaft die notwendigen statistischen Daten verloren gehen, mag zwar – aufgrund eines fale state – zutreffend sein, kann aber nicht als Grund zur Aufgabe gesehen werden. Seitdem die westliche Kultur ihren eigenen Entwicklungsstand als Norm definiert hat und sich der Differenzen bewusst wurde, gingen aus den theoretischen Ansätzen auch Strategien zur Hebung des Entwicklungsniveaus heraus. Es wird als eine moralische Pflicht der IL angesehen, anhand von Unterstützungsleistungen eine Entwicklung in Gang zu setzen, was sich allerdings als recht schwierig erweist. Das häufige Scheitern der Strategien ändert nichts an dieser Verpflichtung, was darauf hindeutet, dass eine Entwicklungspolitik weiterhin notwendig ist, allerdings unter anderen Perspektiven. Mittlerweile sind die Gründe für die UE hinlänglich bekannt, und es geht in der heutigen Zeit vielmehr darum, Wege aus dieser Situation zu finden, unabhängig von Erklärungsansätzen und gemäß den gegenwärtigen Ansprüchen. Seit den achtziger Jahren geht die Wissenschaft zunehmend dazu über, nicht von Theorien zu sprechen, sondern eher nach Strategien als Wege aus der UE zu suchen. Dazu ist es notwendig, die Situation in den EWL zu erfassen, wobei allerdings nur begrenzt allgemeine Aussagen getroffen werden können, da jedes Land oder jede Region seine eigenen Charakteristika besitzt, welche im Hinblick auf eine Strategie mit berücksichtigt werden müssen. NUSCHELER (1991: 92) verweist auf genau diesen Aspekt, wenn er schreibt, dass „...es keinen für alle Kontinente und Ländergruppen mit verschiedenen Strukturproblemen passenden entwicklungstheoretischen Universalschlüssel [gibt]. Unterentwicklung ist ein komplexer Zustand [...], der nicht mit griffigen Formeln erfasst werden kann. Monokausale Erklärungen, die den Zustand der Unterentwicklung auf einzelne Ursachen zurückführen, bringen allenfalls Halbwahrheiten hervor.".

3. Indikatoren der Entwicklung

3.1 Zentrale Probleme der Entwicklungsländer

Bevor auf mögliche Indikatoren eingegangen werden soll, erscheint es als durchaus sinnvoll, die zentralen Charakteristiken vorab zu betrachten, um eine Einführung und die Vermittlung von Grundkenntnissen voranzustellen. Hierbei soll vorerst eine Homogenität der EWL unterstellt werden, um eine allgemeine Benennung zu ermöglichen und während des späteren Verlaufs zu einer genaueren Analyse überzugehen. LACHMANN (2004: 2) stellt in diesem Zusammenhang die zentralen Probleme heraus, und konstatiert folgende Aspekte.

- die ungleiche Einkommensverteilung
- die zunehmende Urbanisierung
- die hohen Bevölkerungswachstumsraten
- die hohe Arbeitslosigkeit
- die mangelhafte ärztliche Versorgung
- die Ernährungsdefizite
- die Zerstörung der Umwelt
- die geringen Alphabetisierungsraten
- ein hohes Gewicht der Landwirtschaft bei der Erzeugung des Sozialprodukts

Bei diesen Merkmalen wird auch deren Unzulänglichkeit deutlich, da eine UE nur unzureichend erklärt werden kann, und die erforderlichen Bewertungen fehlen. Beispielsweise ist eine hohe Urbanisierung auch in der westlichen Welt zu konstatieren (Tab. 3), nur mit dem Unterschied, dass sich die Bevölkerung nicht auf eine oder wenige Städte konzentriert, wie es häufig in EWL der Fall ist. Daher wäre es wünschenswert, die urbane Bevölkerung in Bezug zu der Anzahl der Städte zu betrachten, um einen reellen Urbanisierungsgrad festzustellen. Aus diesem Grund kann der Urbanisierungsgrad als solches nicht in einen Indikatorenkatalog übertragen werden. Des Weiteren ist die Zerstörung der Umwelt nicht von den IL abzukoppeln, da es auch dort noch Diskrepanzen gibt, und von einem optimalen Schutz der Umwelt nicht die Rede sein kann. Wenngleich der Umweltschutz nicht vollständig abzulehnen ist, kommt es dabei jedoch mehr auf die Gewichtung an, welche die jeweilige Legislative ihm zuspricht. Andere Aspekte können zwar als Indikatoren der UE angewandt werden, dennoch fehlt ihnen jeglicher Bezug. Gern werden die Zustände der westlichen Welt als relevant und optimal angesehen, doch bleibt dies mit Zweifeln behaftet. Es ist also nicht ausreichend, sich allein auf solche Charakteristika zu berufen, um eine UE zu konstatieren, da diese auf eine eher oberflächige Betrachtungsweise beschränkt sind. Tatsächlich sind es eher Länderanalysen, welche einen genaueren Blick auf die EWL freigeben. Dies würde wiederum dem Credo der Wissenschaft entgegenstehen, wonach es um eine Aggregation einer Vielzahl von

Daten geht, die jedoch zu den beschriebenen Unzulänglichkeiten im Hinblick auf mögliche Klassifizierung führt. Auch soll vorangestellt werden, dass die folgenden Indikatoren nur Durchschnittswerte der einzelnen Staaten enthalten und daher nicht unbedingt die Realität wiedergeben. Demnach müssen sämtliche statistische Angaben mit Vorsicht behandelt werden, da sie zwar einen guten Überblick darstellen, aber dennoch kein reelles Bild der Länder aufzeigen.

3.2 Natürliche Indikatoren

Allen voran soll eine Einschätzung der natürlichen Bedingungen stehen. In diesem Zusammenhang ist es fragwürdig, ob natürliche Faktoren eine entscheidende Rolle spielen können. Allein natürliche Ressourcen können nicht als hinreichende Bedingung für eine Entwicklung gesehen werden. WEISCHET (1980: 83) weist auf die Möglichkeit hin, „...das Fehlen natürlicher Ressourcen zu kompensieren durch die Substitution von Kapital oder Arbeit und durch soziale und ökonomische Verbesserungen einschließlich Erziehung und Management. [Es] läßt sich [...] feststellen, dass keine Gründe für die Annahme vorhanden sind, dass fehlende natürliche Ressourcen irgendwo eine Limitierung ökonomischer Entwicklung sind...“. Diese Feststellung koppelt jegliche Entwicklung von den natürlichen Gegebenheiten eines Landes ab und setzt einen Bezug zu der staatlichen Fähigkeit zum Ausgleich eines Ressourcenmangels. Demnach können die vorhandenen Ressourcen keine Schlüsselposition im Entwicklungsprozess angedacht werden. Jedoch verweist der Autor auf den „...Besitz natürlicher Reichtümer [, welcher] einen gewissen Anfangsvorteil für die wirtschaftliche Weiterentwicklung...“ (ebd.) darstellt. Er räumt ihm also dennoch eine gewisse Bedeutung ein, was im Hinblick auf die Entwicklung der westlichen Welt zu bestätigen ist. Europa oder Nordamerika konnten zu Beginn der Industrialisierung auf immense Vorkommen an Kohle verweisen, welche vorerst die Quelle der Energie darstellte. Im späteren Verlauf wurden weitere Energiequellen, wie Erdöl oder Erdgas, entdeckt, die gegenwärtig einen unverzichtbaren Bestandteil, wenn nicht sogar Voraussetzung, der westlichen Kultur darstellen. Eine Betrachtung der heutigen politischen Lage verdeutlicht diesen Umstand durch den sich verschärfenden Kampf um die natürlichen Reichtümer der Erde. Nun kann jedoch nicht bedenkenlos von einer Ressourcenknappheit der EWL ausgegangen werden. Vielmehr spielen die Verwendung der dadurch erzielten Einkommen sowie die ökonomischen und politischen Rahmenbedingungen eine entscheidende Rolle. Mit Blick auf Lateinamerika lässt sich Venezuela benennen, welches auf große Erdöllagerstätten verweisen kann. Auf den ersten Blick liegt demnach die Vermutung nahe, es als IL einzustufen. Bei näherer Betrachtung wird jedoch die Notwendigkeit der Betrachtung kulturelle Faktoren deutlich. Weiterhin fließen auch physischgeographische Faktoren in die Betrachtung ein. So wird das Vorhandensein von Wasser, Wald oder Böden ebenfalls als natürliche Ressourcen behandelt. Bezugnehmend auf die Ressource Wasser ist zu konstatieren, dass besonders in Regionen mit geringen Niederschlägen eine staatliche Sicherung dieses Grundbedürfnisses notwendig ist. Im agrarischen Bereich, welcher in den EWL noch immer einen Großteil der Wirtschaft darstellt, sind die Böden als lebenswichtige Ressource anzusehen. Sind diese wiederum weniger geeignet, kann von einer stets ausreichenden Ernte kaum die Rede sein. Anhand dieser Erläuterungen kann dem Argument von WEISCHET (ebd.) durchaus zugestimmt werden. Natürliche Faktoren spielen daher eine nur geringe Rolle im Entwicklungsprozess, da dem Staat deren Ausgleich durch Substitutionen obliegt.

3.3 Ökonomische Indikatoren

Als wirtschaftlicher Entwicklungsindikator wird seit Beginn der entwicklungspolitischen Debatte immer wieder das Pro-Kopf-Einkommen angegeben, welches sich ergibt, indem das gesamte Volkseinkommen durch die Bevölkerungszahl eines Landes dividiert wird. Dabei wird vom Bruttosozialprodukt ausgegangen, welches die produktiven Leistungen sämtlicher Aktivitäten eines Landes widerspiegelt. Allerdings tauchen bei der Erfassung dieses Faktors erhebliche Probleme auf, wodurch genaue Angaben nahezu unmöglich sind. Ursachen liegen zum einen in der Verzerrung der Gütermengen durch illegale Transaktionen, mangelhafte Statistiken, Subsistenzwirtschaft und dem informellen Sektor. Dies wird bei der Betrachtung ausländischer Arbeitskräfte innerhalb eines Landes deutlich. So genannte Gastarbeiter tragen natürlich zum BSP bei und es liegt nahe diese Gütermenge mit einfließen zu lassen. Dabei wird jedoch vergessen, dass ein Teil des erwirtschaften Gewinns in das Ausland oder das jeweilige Heimatland transferiert wird und demnach nicht dem gesamten BSP zugerechnet werden kann. Umgekehrt gelten die einfließenden Gewinne aus dem Ausland als Rente, da für diesen Wert kein Gegenwert erbracht, er also nicht erwirtschaftet wurde. Weiterhin sollte den inländischen Statistiken einen hohen Fehlerquotienten beigemessen werden. In diesem Zusammenhang kann durchaus auf die Subsistenzwirtschaft oder den informellen Sektor verwiesen werden, dessen Daten durch staatliche Institutionen nicht widergegeben werden, da sie sich ihm völlig einziehen. HEMMER (2002: 11) schätzt die Verzerrung auf bis zu 30% ein. Damit entbehrt das BSP seiner Grundlage, was dennoch nicht hinderlich ist, diesen auch weiterhin als augenfälligsten Indikator zu benutzen.

Aufgrund der Kenntnisse über die Unzulänglichkeit des BSP lag die Hoffnung auf die Angabe des PKE. Für deren Erfassung sind jedoch brauchbare Daten über die Gesamtbevölkerung eines Landes erforderlich. Die Erhebung dieser Daten gestaltet sich besonders in EWL als recht schwierig, da nicht alle Bevölkerungsteile berücksichtigt werden können. Ebenfalls problematisch ist die Errechnung des PKE in Ländern mit einer relativ geringen Bevölkerungszahl, wodurch wiederum der Wert eine künstliche Anhebung erfährt, aber eben nichts über die tatsächlichen Zustände angibt. Weiterhin kann es zu Doppelzählungen kommen, welche die sich ergebene Bevölkerungszahl verfälscht und somit eben auch ein verzerrter Wert des PKE errechnet wird. Ein anderes Problem betrifft die Währungsumrechnung, da das PKE im internationalen Maßstab des Dollar angegeben wird und somit durch die verschiedenen Umrechnungen nur bedingt die Realität widerspiegelt. Ein Rückschluss auf den tatsächlichen Entwicklungsstand eines Landes ist aufgrund der genannten Probleme schlecht möglich. Trotzdem wird das PKE als Entwicklungskriterium noch immer akzeptiert. Natürlich ist es nicht zulässig, ihn als einzig relevanten Faktor in eine Analyse einbeziehen. Dazu gesellen sich noch andere Indikatoren, welche das UNRISD herausstellt (Tabelle 1) und auch in die Betrachtung mit einbezogen werden sollten. Auch sie entbehren nicht der bereits erwähnten Unzulänglichkeiten, da sie sich auf Indikatoren beziehen, welche von statistischen Werten abzuleiten sind. Nicht direkt quantifizierbare Aspekte fließen nicht in die Analyse ein und erschweren somit eine Betrachtung einzelner Staaten.

Es erweist sich als recht schwierig, die wirtschaftlich aktive Bevölkerung sowie deren Lohn- und Gehaltsempfänger zu erfassen, wo besonders der informelle Sektor in lateinamerikanischen Ländern überaus groß ist. Allein in Venezuela „...mussten sich [im Jahr 2003] mehr als 51 % der Venezolaner ihren Lebensunterhalt im informelle Sektor verdienen." (BODEMER 2004: 239). Daher würde eine Erfassung des BSP auf der Grundlage der Hälfte der Bevölkerung stehen, was sich möglicherweise bei der Errechnung des PKE ausgleicht. Es ist bekannt, dass gerade dieser informelle Sektor nicht in die offiziellen Statistiken einfließt, wodurch deren Aussagekraft äußerst fraglich ist. Auch der Bezug zu männlichen Arbeitskräften bedarf einer Interpretation, da besonders innerhalb der Subsistenzwirtschaft - welche ebenfalls nicht in offiziellen Statistiken beachtet wird - Frauen eine aktive Rolle zur Überlebenssicherung einnehmen. Obwohl Frauen in diesen Gesellschaften oftmals ein geringerer Wert beigemessen wird, sind sie doch präsent und erwirtschaften einen Teil des Bruttosozialprodukts. Auch in Bezug zum Verbrauch an Elektrizität, Stahl und Energie sind offizielle Daten weniger aufschlussreich, da sie die Wirklichkeit verschleiern. Wichtiger wäre hier eine Differenzierung um festzustellen, welche Bevölkerungsgruppen an dieser Ressource partizipieren. Es ist anzunehmen, dass besonders die ländliche Bevölkerung keine Möglichkeiten besitzt und ohne Elektrizität – dem industriellen Gut schlechthin – auskommen muss. Einzig hilfreich scheint die strukturelle Differenzierung der Produktion zu sein, da der Agrarsektor im Vergleich mit den IL eine hervorgehobene Stellung einnimmt. Dies ist besonders in agrarisch geprägten Staaten der Fall, wo der Anteil der Landwirtschaft am BSP über 10% betragen kann. Als Beispiele seien Guatemala (22,5%), Kolumbien (13,9%) oder Bolivien (14,6%) genannt, wobei die Daten aus dem Jahr 2002 stammen. (vgl. BODEMER 2004) Im Gegensatz dazu weisen die IL häufig Werte unter 5% auf.

Oftmals liegen die Ursachen der UE genau in den schlecht quantifizierbaren Bereichen der Gesellschaften, welchen in dem Zusammenhang ein stärkeres Gewicht zukommen muss. Problematisch wird dies jedoch im Hinblick auf die Verifizierung der Daten, da diese häufig eben nicht einer quantitativen Natur entsprechen. Demnach ist es notwendig, sich verstärkt den schwer verifizierbaren Indikatoren zu widmen, um statistische Verfälschungen zu minimieren. Diese Ausführungen sollen allerdings keineswegs zu der Annahme verleiten, wirtschaftliche Indikator nicht mehr in Betracht zu ziehen. In einem Ländervergleich liefern sie einen hilfreichen Überblick, allerdings sollte man bei der Arbeit mit diesem Faktor eher vorsichtig sein und sich deren problematische Erfassung bewusst sein.

3.4 Sozialdemographische Indikatoren

Nun ist es nicht ausreichend, sich nur auf wirtschaftliche Indikatoren zu beziehen. Auch wenn diese häufig als die primären Indikatoren anzutreffen sind, bieten sie doch ein recht undifferenziertes Abbild der Realität. Um dies zu umgehen, ist es notwendig, auch in anderen Gesellschaftsbereichen nach Kriterien zu suchen, um eine UE zu konstatieren. Wie im Folgenden deutlich werden wird, ist es nicht möglich, sich auf wenige überschaubare Indikatoren zu beziehen. Generell ist eine UE von einer Vielzahl sozialer Aspekte abhängig. Dabei soll wiederum auf das UNRISD verwiesen werden, welches einen sozialdemographischen Kriterienkatalog aufstellte, der in Tabelle 2 abgebildet ist.

Allein die Gesamtscholarisation, zeigt, dass allein diese Daten kein Gewicht haben, da sie sich jeglicher Differenzierung entziehen und in diesem Zusammenhang als nicht ausreichend erachtet werden können. Lateinamerikanische Staaten weisen zum großen Teil hohe Alphabetisierungsquoten auf, wobei aber nicht zwischen Grundbildung und einer höheren Bildung unterschieden wird. Laut dem UNDP 2005 sind ihre Werte im Bereich der Bildungsausgaben durchaus vergleichbar mit denen der IL, was vorerst auf ein ähnliches Niveau deutet. Jedoch wird dabei die ungleiche Verteilung der Bildungschancen der Bevölkerung verschleiert. Es geht nicht hervor, welche Bevölkerungsgruppen einen Zugang zu einer universitären Ausbildung haben. Auch wenn das UNRISD von einer Gesamtscholarisation ausgeht, wird nicht deutlich, wie die Bildungssituation des Landes aussieht. Aus diesen Angaben gehen nicht die Dauer des Schulbesuchs (in Jahren) sowie die Einschulungsquote hervor. Die alleinige Einschulungsquote muss in Bezug der schulfähigen Kinder betrachtet werden, was in den EWL - aufgrund bereits erwähnter Zensusschwierigkeiten - nur sehr schlecht feststellbar ist. Die Dauer des Schulbesuchs sagt ebenfalls nichts über den Bevölkerungsteil, welchem das Privileg einer höheren Bildung zukommt. Vielmehr sollte zwischen einer Ganzzeit- oder Teilzeitbildung unterschieden werden, da Kinder aus ärmeren Bevölkerungsschichten häufig keine Möglichkeit haben, in den Genuss einer dauerhaften - über mehrere Jahre andauernde - Bildung zu gelangen. Zweckdienlich sollte das Augenmerk nun auf Abbildung 3 gerichtet sein, welche die durchschnittlichen Schuljahre - verteilt auf die Regionen der Erde - angibt. Es ist ersichtlich, dass - abgesehen von Europa und Nordamerika - in den lateinamerikanischen Staaten ein langjähriger Schulbesuch zu konstatieren ist. Mit Blick auf die Zukunft schätzt das UNDP eine weitere Zunahme der Schuljahre.

Im Hinblick auf die Lebenserwartung und die Geburten- und Sterberate (Tab. 4) lassen sich Rückschlüsse auf die Gesundheitsversorgung (Tab. 7) treffen, welche allerdings nur ein allgemeines Bild wiedergeben. Etwaige Diskrepanzen zwischen verschiedenen Bevölkerungsgruppen oder Ethnien werden nicht berücksichtigt. So ist davon auszugehen, dass die Eliten eines Landes eine bessere Gesundheitsversorgung vorweisen können, als untere Bevölkerungsschichten, denen ein Zugang zu dieser Ressource häufig versperrt bleibt. Ein Grund dafür liegt auch in der unzureichenden Infrastruktur, wonach einige Regionen zunehmend vom Staat abgekoppelt sind. In Tabelle 4 sind einige Indikatoren willkürlich gewählt, um auf Unterschiede zwischen EWL und IL im Hinblick auf soziale Faktoren hinzuweisen. Es sind Diskrepanzen ersichtlich, wobei sich diese jedoch nicht so stark unterscheiden, wie es bei einem Vergleich mit afrikanischen EWL und IL sichtbar wird. Der Lebenserwartung ist eine relative Sicherheit in der Gesundheitsversorgung entnehmbar, obwohl es doch Unterschiede gibt, welche in Tabelle 4 in Bezug zu ganz LA deutlich zu Tage treten. Betrachten wir uns hingegen afrikanische Staaten, so sind dort weitaus höhere Werte zu konstatieren. Hierbei seien nur auf die Lebenserwartungen in Simbabwe (33,9 Jahre) oder Lesotho (36,3 Jahre) verwiesen. (vgl. UNDP 2005) Hier kann auf Abbildung 4 hingewiesen werden, welche die Entwicklung der durchschnittlichen Lebenserwartung auf die Regionen der Erde zeigt. Demnach ist seit 1980 ein stetiger Anstieg der Lebenserwartung verzeichnet, was auf eine Verbesserung der sozialen Dienstleistungen hindeutet.

Im engen Zusammenhang mit der Lebenserwartung besteht eine Interdependenz mit der Ernährung, welche das UNRISD mit dem Verbrauch von tierischen sowie pflanzlichen Kalorien pro Kopf und Tag gleichstellt. Damit schließt sich das UNRISD der Weltbank an, da auch diese die Ernährung in Kalorien angibt und deren Bedarf bei unterschiedlichen Quellen zwischen 2300 Kcal und 2600 Kcal schwanken. Auch wenn dieser Indikator als hilfreich anzusehen ist, dürfte eine Erfassung der entsprechenden Daten weitaus schwieriger sein. Dafür werden - wie so oft - Referenzwerte benötigt, welche die Weltbank zwar festlegt, jedoch nicht auf eine mögliche Verifizierung der Daten eingeht. Im Hinblick auf den Anschluss an Telefon, Elektrizität, Radio pro 1000 Einwohner ist zu sagen, dass dieser Indikator zwar eine gewisse Relevanz besitzt, aber ebenfalls nicht die Realität wiedergibt. Auch hier sollte eine Differenzierung vorgenommen werden. Besonders in der Versorgung mit Elektrizität können erhebliche Mängel besonders im ländlichen Raum auftreten, wenn die Anzahl der Haushalte zugrunde gelegt wird. Im Bereich der Telekommunikation kann es zu Mehrfachnennungen kommen, was aus der Möglichkeit des Besitzes mehrere Geräte herrührt.

3.5 Politische Indikatoren

In diese Indikatorengruppe spielt vorwiegend die Partizipation der Bevölkerung hinein. „Die Mitsprache der Bürger in der Gesellschaft und ihre Teilhabe an der Politik verbindet sie mit denen, die den Staat vertreten – den Politikern und den politischen Entscheidungsträgern." (WELTBANK 2004: 91) Hierbei soll auf eine gesellschaftliche Partizipation hingewiesen werden, bei der ein Rückgriff auf die sozialen Indikatoren möglich ist. Bezugnehmend auf den Bereich der Telekommunikation muss betont werden, dass es hier auch um die Vernetzung mit anderen Teilen der Bevölkerung geht. Speziell in ländlichen Räumen kann von einem Mangel an Telekommunikation ausgegangen werden, was einem Informationsaustausch der Bevölkerung entgegensteht. Dieser ist jedoch notwendig, um ein Potential zur Durchsetzung der Interessen aufzubauen. Da von einer Abgeschiedenheit einiger Regionen ausgegangen werden kann, ist es für die Bevölkerung eher schwierig, ihre Interessen gemeinsam zu artikulieren. Daher stellt die mangelhafte Infrastruktur eine Behinderung in der Errichtung einer wirkungsvollen Zivilgesellschaft dar und es entsteht kein Gegengewicht zu den häufig noch vorhandenen zentralen Strukturen. Dies deutet auf eine geringe politische Partizipation hin, da sich eine Aggregation der Interessen als sehr schwierig erweist. Demnach stehen der Mehrheit der Bevölkerung in „...ihrer Organisation als politisches Subjekt [...] objektive Schwierigkeiten im Wege..." (Senghaas 1981: 20f). In diesem Zusammenhang sind die Partizipationsmöglichkeiten der Bevölkerung in den urbanen Zentren höher einzuschätzen. Es besteht demnach ein Zusammenhang zwischen der Partizipation am gesellschaftlichen Leben und der Distanz zu den urbanen Zentren. Des Weiteren ist darauf hinzuweisen, dass eine Partizipation häufig von den Eliten nicht erwünscht ist. Als ein zentraler Aspekt ist die Parteipatronage auszumachen, bei der politische Interessen über klientelistische Strukturen in den politischen Prozess eingebrachte werden. Häufig werden in diesem Zusammenhang die fehlenden Wählerstimmen mit Hilfe von Ressourcenverteilung „erkauft". Notwendige Wählerstimmen werden also manipuliert und die Bevölkerung unterliegt dem Wohlwollen einiger Politiker. So ist beispielsweise zu beobachten, dass sich - besonders bei anstehenden Wahlen - einige Politiker durch Zugeständnisse materieller Art versuchen zu etablieren. Abhängig vom Regime ist auch zu konstatieren, dass es noch immer in vereinzelten Staaten LA zu einer Behinderung der Arbeit der Opposition kommt.

3.6 Kulturelle Indikatoren

Da es nicht möglich ist, von einer ähnlichen Entwicklung der Menschheit auszugehen, spielen auch kulturelle Eigenarten einer jeden Gesellschaft in die Betrachtung der EWL hinein. Kultur bezieht sich in diesem Zusammenhang auf das Produkt der menschlichen Gestaltungsfähigkeit, die in Abhängigkeit zu der natürlichen Umwelt steht. Jede menschliche Gemeinschaft brachte spezifische Handlungs- und Denkweisen oder auch materielle Errungenschaften hervor, welche ein wesentlicher Bestandteil der Gemeinschaft sind und als kulturelle Entwicklung betrachtet werden können. (vgl. HIRSCHBERG 1999: 220) Aufgrund unterschiedlicher natürlicher Bedingungen kann von eine differenzierten kulturellen Ausstattung ausgegangen werden. Als Wiege der Zivilisation wird im Allgemeinen die westliche Welt bezeichnet, die auf eine eigenständige kulturelle Entwicklung blicken kann. Da von dort aus die Eroberung der Welt einsetzte, war dies den eroberten Gebieten nicht möglich. Besonders in LA wurden europäische Werte eingeführt, die im Widerspruch zu den kulturellen Lebensweisen standen. Der zunehmende Einfluss der westlichen Kultur in den heutigen EWL führte zu einem Konflikt zwischen zwei unterschiedlichen Kulturen.

Es ist demnach unvermeidlich, im Hinblick auf eine Analyse von EWL auch kulturelle Indikatoren in Erwägung zu ziehen. Bisher ist dies eher selten geschehen und internationale Organisationen messen ihnen eine geringe Bedeutung zu. Auch in den großen Theorien wurden kulturelle Eigenheiten nicht berücksichtigt. Allein in diesem Kontext erscheint eine postulierte nachholende Entwicklung obsolet, weil man die westliche Kultur als deren Ziel ansah. Voraussetzung dafür wäre eine Verschmelzung beider Kulturen zu einer neuen - speziell lateinamerikanischen – Kultur, wozu es in der Vergangenheit nie kam. Die Ursache dafür lag in der strengen Abgrenzung der westlichen von der indigenen Welt. Während sich eine Entwicklung im westlich geprägten Teil der Gesellschaft einstellte, wurden indigene Bevölkerungsgruppen kaum berührt. So blieben traditionelle Lebensweisen sowie familiäre Bindungen ebenso bestehen wie ein Gruppenbewusstsein, welches eigenen Regeln unterliegt. Besonders dieses Gruppenbewusstsein wird als Hemmnis zur Entwicklung angesehen. HEMMER (2002: 217) verweist in diesem Zusammenhang auf eine individuell geringe Motivation zu Investitionen, da ein späterer Gewinn nicht dem Individuum, sondern der ganzen Gruppe zugute kommt. „Stark gegenwartsbezogene Menschen werten den Wert zukünftiger Einkommen gering und werden nur bei sehr hohen Renditen in Humankapitalbildung investieren." Zu diesen traditionellen Elementen besitzt ein ohnehin relativ schwacher Staat keinen Zugang. Aus diesem Grund ist es nicht verwunderlich, dass es keine statistischen Daten zu geben scheint. Sicherlich wäre es möglich, die Anzahl der in traditioneller Lebensweise lebenden Bevölkerung anzugeben, wobei jedoch darauf hingewiesen werden muss, dass sich solche Werte nun vollends von der Realität entfernen und sie sich allenfalls als grobe Schätzungen erweisen würde. Dies betrifft besonders die Tatsache, das wir es mit traditionellen Lebensformen zu tun haben, welche zwar mit bestimmten Kriterien unterlegt sind, aber in keiner Weise mit statistischen Grenzwerten versehen werden können. Die Wissenschaft wird wohl über die Erkenntnis des Vorhandenseins solcher Lebensformen nicht hinauskommen und darauf hinweisen können, dass speziell in peripheren Regionen traditionelle Lebensformen auftauchen, welche resistent gegenüber der westlichen Kultur zu sein scheinen. Dieser Umstand lässt sich besonders in Lateinamerika festmachen. Bei der Betrachtung der Bevölkerungsverteilung zeigt sich eine Konzentration in den urbanen Zentren.

Daher ist auch von einer ausgeprägten Zentrum-Peripherie-Struktur auszugehen. Rückblickend auf kulturelle Indikatoren konzentrieren sich traditionelle Lebensformen in peripheren Regionen, welche beispielsweise in Brasilien den Großteil der Landesfläche einnimmt.

3.7 Verteilungsindikatoren

Der bisher nicht erwähnte, aber möglicherweise entscheidende Indikator für eine UE bezieht sich auf die Verteilung der Einkommen. Dazu können zwei Indikatoren herangezogen werden, welche in engem Bezug zueinander stehen. Zum einen ist die Lorenzkurve zu nennen, bei der die Einkommensanteile bestimmter Bevölkerungsgruppen gegenübergestellt werden. Man erhält sie, „...indem man die Anteile am Volkseinkommen, welche die verschiedenen Bevölkerungsgruppen erzielen, ermittelt und sie dann, beginnend mit der ärmsten, nach fortlaufender Einkommenshöhe ordnet." (LACHMANN 2004: 32). Ausgehend von einer völligen Gleichverteilung, welche eine Diagonale darstellt, erhält man nun eine Abweichung von dieser, wobei die größte Abweichung auch die höchste Ungleichheit in der Einkommensverteilung widerspiegelt. In Abbildung 1 ist eine fiktive Lorenzkurve angegeben, wobei die Gerade OU eine absolute Gleichverteilung widerspiegelt. Nach Abtragung der verschiedenen Einkommen auf die Bevölkerungsgruppen erhalten wir die Lorenzkurve, die sich in jeden Fall von der Gleichverteilungsgeraden löst, weil es keine absolute Gleichverteilung gibt. Da in diesem Beispiel die Lorenzkurve nahe der Gleichverteilungsgerade OU liegt, ist von einer relativen Gleichverteilung auszugehen, welche bei IL vorzufinden ist. Je weiter sich diese Lorenzkurve von der Gleichverteilungsgerade entfernt, desto stärker ist das Ungleichgewicht der Einkommen, oder je kleiner die Fläche zwischen der Gleichverteilungsgeraden OU und der Lorenzkurve, desto gleicher sind die Einkommen der jeweiligen Gesellschaft verteilt. Jedoch ist diese graphische Darstellung für statistische Zwecke eher ungeeignet, was die Festlegung eines Wertes notwendig macht. Um diesen zu bekommen, muss die Fläche zwischen Gleichverteilungsgerade OU und der Lorenzkurve mit der maximalen Konzentrationsfläche OUB dividiert werden. Der sich ergebene Wert wird als Gini-Koeffizient bezeichnet, welcher immer zwischen 0 und 1 liegt, wobei 1 eine extreme Ungleichheit und 0 die absolute Gleichheit der Einkommensverteilung ergibt.

Auch wenn dieser Wert einen sehr guten Blick auf ein Hauptproblem der EWL gestattet, ist er dennoch nicht ganz fehlerfrei. Schwierig gestaltet sich die Übertragung der Einkommen auf die einzelnen Bevölkerungsschichten. Inwieweit dies möglich ist, wird schließlich von vorhandenen Statistiken bestimmt, welche Werte enthalten, die als unzulänglich gelten können. Schließlich ist auch hier von einer Verzerrung der Realität auszugehen. In Tabelle 9 sind die Koeffizienten ausgewählter lateinamerikanischer Länder dargestellt. Eine Unterscheidung von den Daten der IL wird ersichtlich. Demnach ist eine faire Gleichverteilung nicht gegeben und noch immer konzentriert sich ein Großteil des gesamtwirtschaftlichen

Einkommens auf eine relativ kleine Elite. Bezugnehmend auf den HD-Report des UNDP aus dem Jahr 2005 sind die schlechtesten Werte aus afrikanischen Gesellschaften abzuleiten. Allen voran sei auf Namibia (0,71), Lesotho (0,63) oder Sierra Leone (0,63) verwiesen. Im Hinblick auf die weltweite Verteilung der Einkommen gibt die Abbildung 5 einen guten Überblick. Der Großteil des globalen Einkommens konzentriert sich demnach in den IL. Weiterhin sind aus Abbildung 7 einige Erkenntnisse zum globalen Gini-Koeffizienten sowie zu deren Verteilung auf einzelne Regionen und Länder ersichtlich. Einzig und allein der afrikanische Kontinent kann auf einen Index verweisen, welche höher als der Weltindex liegt. Daran wird die prekäre Lage dieses Kontinentes deutlich.

3.8 Multidimensionale Indikatoren

3.8.1 Human Development Index

Spätestens seit Ende der 70er Jahre kam eine Kritik an den bisher verwendeten Indikatoren auf, welche als ungenügend betrachtet wurden. Lediglich das PKE konnte seine Stellung in der entwicklungstheoretischen Debatte beibehalten. Es wurde kritisiert, dass es unzulänglich sei, den Entwicklungsstand eines Landes mittels einzelner Indikatoren wiederzugeben, da eine Konzentration auf alle Indikatoren nicht möglich sei. Mehrdimensional bedeutet in diesem Zusammenhang, den Entwicklungsstand eines Landes in einem Indikator zu fassen, wobei die Grundlage dieses Indikators mehrere Kriterien darstellen. Der von dem UNDP erstmals 1990 vorgeschlagene Human Development Index (HDI) setzt sich aus „...Indikatoren für wesentliche Elemente des Lebens zusammen [um] den Stand menschlicher Entwicklung aufgrund angemessener Kriterien als die bis dahin vorherrschende Bewertung nach dem Pro-Kopf-Einkommen (PKE)..." (NOHLEN 2002: 365) zu bestimmen. Dabei bezieht sich der HDI auf drei Hauptkomponenten, welche die Lebenserwartung, das Wissen sowie den Lebensstandard beinhalten. Im Hinblick auf die Lebenserwartung beziehen sich die UN vordergründig auf die Gesundheitsversorgung, Ernährungsgrundlage oder auch auf die Kindersterblichkeit um zu einem Gesundheitsindikator zu kommen. Im Bereich des Wissens geht es hauptsächlich um die Kriterien der Alphabetisierung, Schulbesuchsrate und der Erwachsenenbildung, welche sich zu einem Gesamtbild der Scholarisation zusammenfügen sollen. Die dritte Hauptkomponente bezieht sich wiederum auf die ökonomische Leistungsfähigkeit einer Gesellschaft. Das bekräftigt die Bedeutung der ökonomischen Indikatoren. Der HDI beinhaltet demzufolge die Möglichkeiten zur Befriedigung der Grundbedürfnisse wie Ernährung, Gesundheit, Bildung und Arbeit und bedeutet demnach zweierlei: „Zum einen die Bildung dieser Fähigkeiten – wie z.B. die Erreichung eines verbesserten Gesundheits- und Wissensstandes -, zum anderen die tatsächliche Nutzung der zur Verfügung stehenden Fähigkeiten..." (HEMMER 2002:33f). Die Nutzung bezieht sich hierbei auf die Möglichkeit, seinen Lebensstandard zu verbessern, was mit einem höheren Einkommen in Verbindung steht. Im

Zuge einer besseren Gesundheitsversorgung, einer gesicherten Nahrungsgrundlage sowie einem gehobenen Bildungsniveau kommt es zu einer Anhebung des Humankapitals, welches der Mensch fähig ist, in den Produktionsprozess einfließen zu lassen. Diese individuellen Ressourcen führen langfristig zu einer höheren Produktivität und damit zu einem Einkommenszuwachs, womit er befähigt ist, seinen Lebensstandard zu verbessern. Damit gelten diese Komponenten durchaus als notwendige Bedingung zur Hebung des individuellen Lebensstandards. An diesem Punkt ist auf die politischen Aspekte hinzuweisen, welche neben den sozialen und ökonomischen Faktoren eine bedeutende Rolle spielen. Politisch in dem Moment, wo es um die Verteilung der Ressourcen geht. Wenn bisher der Fokus auf die Fähigkeit zur Verbesserung des Lebensstandards lag, soll jetzt die Bereitschaft näher betrachtet werden. Von einer Bereitschaft der armen Bevölkerung kann zweifellos ausgegangen werden, nur fehlen ihnen die Mittel, also die Fähigkeiten. Diese Mittel müssen bereitgestellt werden, und zwar von Bevölkerungsgruppen, welche diese besitzen. Dies sind die Eliten oder die herrschende politische Klasse, die eine sehr geringe Bereitschaft aufweisen, ihre Ressourcen zu teilen. Von einer Umverteilung der Ressourcen versprechen sie sich einen Verlust ihrer sozial privilegierten Position, wonach die Bereitschaft zu Zugeständnissen an die armen Bevölkerungsgruppen abnimmt. Demnach ist die Fähigkeit der armen Bevölkerungsschichten abhängig von der Bereitschaft der Eliten. (vgl. HEMMER 2002: 213ff)

Anhand der Tabelle 5 sollen ausgewählte lateinamerikanische Staaten mit Industriestaaten verglichen werden. Zusätzlich wird die Positionierung der Staaten nach dem HDI - Wert aller Länder angegeben. Die Liste des HDI beinhaltet 174 Staaten, wobei Sierra Leone mit einem Wert von 0,252 den letzten Rang einnimmt. Deutlich wird hierbei die Differenz der lateinamerikanischen Staaten, obwohl sie im Mittelfeld anzutreffen sind. Während Länder mit hohem Einkommen die ersten dreißig Ränge belegen und einen durchschnittlichen Wert von 0.897 aufweisen, sind lateinamerikanische Staaten zwischen den Plätzen 38 bis 150 anzutreffen und weisen einen Durchschnittswert von 0,763 auf. Des Weiteren gibt Abbildung 6 die Entwicklung des HD-Indices im weltweiten Vergleich beziehungsweise Daten einiger Länder an. Mit Ausnahme von Afrika haben sich die Lebensbedingungen seit den siebziger Jahren stetig verbessert. Dies belegt der ständige Anstieg der einzelnen Skalen. Eine Ausnahme bilden die Staaten Zentral- und Osteuropas, was mit dem Umstand der Unabhängigkeiten erklärt werden kann. Davor waren sie in Staatsgebilde involviert, deren Daten hier nicht aufgeführt sind. In diesem Fall gab es eine dramatische Verschlechterung der Lebensbedingungen in Folge der Unabhängigkeit. Jedoch bessert sich die Situation seit den neunziger Jahren zusehends.

Beim HDI steht erstmals die Wohlfahrt des Individuums im Mittelpunkt, was als Fortschritt zu sehen ist. Damit wurde die frühere Konzentration auf wirtschaftliche Indikatoren überwunden und es konnten Zusammenhänge zwischen verschiedenen Indikatoren aufgezeigt werden. Die bisherige Betrachtung einzelner Faktoren sagte relativ wenig über die Beziehungen aus. Nun konnten drei wichtige Bereiche in einem Indikator verknüpft werden, was jedoch von den Schwierigkeiten der statistischen Erfassung ablenken soll. Statistische Daten werden benötigt, um diese in einen HDI einfließen zu lassen. Deren Erfassung erweist sich dennoch aus bereits erwähnten Gründen als sehr schwierig. Auch wenn der HDI heute in der Wissenschaft als Maß zur Messung des Lebensstandards allgemein angesehen ist, kann er dennoch kein detailliertes Abbild der Realität wiedergeben.

3.8.2. Human Poverty Index

Als weiteren mehrdimensionalen Indikator hat das UNDP im Jahr 1997 eine Armutsindex herausgegeben: den Human Poverty Index. Damit betont das UNDP die Mehrdimensionalität der Armut und stellt Sozialindikatoren in den Vordergrund der Betrachtung, wobei weniger auf die Einkommenssituation der Haushalte eingegangen wird. Der HPI wird anhand von ebenfalls drei Indikatoren festgemacht, wobei auf den ersten Blick kein Unterschied zum HDI festzustellen ist. Deutlich wird dies an den Indikatoren, welche das UNDP mit der Lebenserwartungen, dem Wissen und dem annehmbaren Lebensstandard angibt. Allerdings beruhen die Bezüge auf einer anderen Grundlage. Betrachten wir uns die Lebenserwartung, so wird hier nicht von einer Langlebigkeit vom Zeitpunkt der Geburt (siehe HDI) ausgegangen, sondern vielmehr von einem Bevölkerungsanteil, der das vierzigste Lebensjahr nicht erreicht. Begründet werden kann dies anhand der Tatsache, dass die Lebenserwartung besonders armer Menschen weitaus geringer ist als die der besser gestellten Personen. Im Hinblick auf das Wissen wird hier weniger die Alphabetisierung oder Scholarisation - wie es beim HDI der Fall ist - zu Grunde gelegt. Im Vordergrund steht der Zugang zu Literatur und Kommunikation (Tab.8), welcher am Anteil der Analphabeten gemessen wird. Damit wird differenziert, ob ein Analphabet eine geringe Bildung aufgrund eines ungenügenden Schulbesuchs aufweist, oder ob dies verbunden ist mit dem real vorhandenen Zugang zu Bibliotheken oder auch zum Kommunikationsnetz. Als dritter Indikator wird der annehmbare Lebensstandard favorisiert, wobei dies einen wirtschaftlichen Aspekt beinhaltet, der hier aber nicht nach ökonomischen Kenndaten bemessen wird. Der HPI ermittelt in diesem Zusammenhang zwar auch wirtschaftliche Bedingungen, welche er jedoch anhand des Bevölkerungsanteils mit Zugang zu Gesundheitswesen und zu sauberem Wasser beziehungsweise dem Prozentsatz der unterernährten Kinder unter 5 Jahren festmacht. Damit richtet er sich stärker nach den Grundbedürfnissen der Menschen, welche befriedigt sein müssen, um einen relativ gehobenen Lebensstandard zu erreichen. In Tabelle 6 sind einige ausgewählte Länder abgebildet, wobei sich Bolivien, Guatemala und Haiti von den restlichen lateinamerikanischen Ländern abheben. In Abbildung 2 sind hingegen die Armutswerte für die Welt ersichtlich. Es wird deutlich, dass sich LA von Südasien oder Afrika absetzt und auf einen Anteil der Armen an der Gesamtbevölkerung von 11 % verweisen kann.

Damit sind Aussagen zu den Lebensbedingungen genauer zu treffen, jedoch ist die Festlegung von Teilindikatoren an den jeweiligen Betrachter gebunden, da das UNDP nicht vorgibt, wie diese Indikatoren zu bewerten sind. Demnach ist es immer eine individuelle Frage, ob und inwieweit ein Zugang zu Wasser oder zu Gesundheitseinrichtungen konstatiert wird. Der Versuch, sich von statistischen Daten zu lösen, birgt die Gefahr einer Vielzahl von Betrachtungsweisen, da dem individuellen Aspekt eine stärkere Bedeutung zukommt, je mehr wir auf Kennziffern verzichten. Der HPI bietet sich trotz dieser Einschränkungen im Falle des Mangels an monetären Bewertungsgrundlagen an. (vgl. HEMMER 2002: 36f)

4. International angewandte Klassifikationen

4.1 Länderklassifizierung der OECD

Die OECD hat 1962 erstmals ein Verzeichnis aufgestellt, welches sich hauptsächlich nach den geographischen Gegebenheiten gliedert. Hierbei werden regionale Spezifizierungen vorgenommen, um Hilfsempfänger zu klassifizieren. In der sogenannten DAC-Liste wird zwischen fünf geographischen Räumen unterschieden.

a) alle afrikanischen Länder außer der Republik Südafrika
b) alle Länder Amerikas außer den USA und Kanada
c) alle asiatischen Länder mit Ausnahme von Japan
d) in Ozeanien alle Länder außer Australien und Neuseeland
e) einige europäische Länder, wie Gibraltar, Albanien sowie die zentralasiatischen Staaten der ehemaligen Sowjetunion

Auch wenn diese Liste alle drei Jahre aktualisiert wird, ist dennoch nicht zu verkennen, dass es sich hierbei lediglich um eine Aufzählung von Geber- und Nehmerländern handelt. Sie gilt noch heute als offizielles Verzeichnis, wobei jedoch keine Eckdaten enthalten sind und auch keine weitere Klassifizierung stattfindet. (vgl. HEMMER 2002: 39) Das Problem an dieser Auflistung ist die angenommene Homogenität der EWL, was noch aus dem modernisierungstheoretischen Ansatz, welcher noch in den sechziger Jahren verfolgt wurde, herrührt. Das scheint auch die Intention der OECD zu sein, wenn sie die Einteilung in vorgenommener Weise beibehält. Es geht weniger darum, die Staaten nach wirtschaftlicher Stärke oder den gesellschaftlichen Gegebenheiten zu klassifizieren, sondern vielmehr um eine grobe Gliederung im Hinblick auf die internationale Anerkennung der Entwicklungshilfeleistungen.

4.2 Länderklassifizierung der Weltbank

Die Weltbank richtet sich bei ihrer Einteilung der Länder ausschließlich an der Wirtschaftskraft, d.h. am PKE. Ausgehend von diesen Daten können drei Hauptgruppen unterschieden werden.

a) Länder mit niedrigen Einkommen, deren PKE nicht mehr als 755 $ beträgt

b) Länder mit mittleren Einkommen, deren PKE zwischen 756 $ und 9265 $ liegt

   Untere Kategorie: Länder mit einem PKE zwischen 756 $ und 2995 $

   Obere Kategorie: Länder mit einem PKE zwischen 2996 $ und 9265 $

c) Länder mit hohem Einkommen, deren PKE einen Wert von 9266 $ übersteigt

Im Verständnis der Weltbank werden die Länder mit niedrigen und mittleren Einkommen durchgehend als EWL bezeichnet. Allerdings kam im Zuge der Schuldenkrise in den achtziger Jahren eine neue Einteilung hinzu. Neben der oben aufgeführten und sich rein an der Wirtschaftskraft orientierenden Gliederung unterteilte man die Länder weiterhin nach ihren Schuldenleistungen. So entstanden drei neue Gruppierungen, welche mit SILIC, SIMIC und HIPC bezeichnet werden. Hierbei geht die Weltbank von der Höhe der Schuldenleistungen aus, welche sie mit dem prozentualen Anteil am BSP beziehungsweise am Exporterlös angibt. (vgl. HEMMER 2002: 40f) Danach ergibt sich eine rein ökonomische Gliederung der Staaten, welche nicht unproblematisch ist. Da die Weltbank einen großen Bezug zu Hilfsleistungen besitzt und eine beratende Funktion einnimmt, ist es nicht verwunderlich, ausschließlich auf wenig aussagekräftigen Indikatoren zurückzugreifen. Es wäre jedoch übereilt, aufgrund dieser Indikatoren Rückschlüsse auf den Entwicklungsstand eines Landes zu ziehen. Wie bereits erwähnt, müssen solche Daten in Bezug zur Bevölkerung und der Einkommensverteilung betrachtet werden, wobei die Weltbank letzteres nicht in die Auflistung einbezieht.

In Tabelle 7 stehen neben der Bevölkerungszahl auch wirtschaftliche und soziale Daten. Da das BSP selbst wenig aussagt, wurde das PKE miteinbezogen, wo Unterschiede sichtbar werden. Gravierend hierbei sind die Daten der Länder mit hohem Einkommen, welche sich deutlich vom Rest absetzen. Weiterhin geht hervor, dass in allen Ländern - unabhängig von ihrer Klassifizierung – der Zugang zu Trinkwasser einen höheren Stellenwert einnimmt, als die Einrichtung sanitärer Anlagen. Dazu zählt auch die Entsorgung des Trinkwassers, was von staatlicher oder kommunaler Ebene wahrscheinlich als weniger wichtig angesehen wird. Dies ist durchaus verständlich, da von beiden der Zugang zu Trinkwasser als Grundbedürfnis höherer Klasse gewertet wird. Im Hinblick auf die Bevölkerungszahl ist deutlich zu entnehmen, dass der Großteil der Weltbevölkerung (mehr als fünf Milliarden), über ein niedriges beziehungsweise mittleres Einkommen verfügt und demnach in den EWL beheimatet ist.

4.3 Länderklassifizierung der Vereinten Nationen

Die gängigste und weitest verbreitete Klassifizierung wurde von den UN vorgelegt. Nachdem sie ihre Klassifizierung ebenfalls am Dritte Welt - Ansatz anlehnte und somit einen Nord-Süd-Aspekt in die entwicklungspolitische Diskussion einbrachten, wurde sie sich der angenommenen Homogenität der EWL bewusst und suchte neue Gliederungsmöglichkeiten, welche den Fokus doch auf die real vorhandene Heterogenität legte. Spätestens nach dem Zusammenbruch der Blockteilung wurde der Ansatz von einer Dritten Welt zunehmend obsolet. Die Einteilung der Welt war im Zuge des Kalten Krieges entstanden und konnte nach seinem Ende nicht aufrecht erhalten werden, da die strenge Abgrenzung zwischen Kapitalismus, Sozialismus und den blockfreien Staaten nicht mehr der Realität entsprach. So wurden neue Wege gesucht, um eine Aufteilung der Welt nach anderen Maßstäben vorzunehmen. Kurzeitig ging die UN nur noch von einer Zweiteilung der Welt in EWL und IL aus, was jedoch wissenschaftlich nicht haltbar war, da der Vorwurf der Homogenität nicht behoben und ein Umdenken gefordert wurde. So kam es zu einer Klassifizierung, mit der die UN versuchten, mehreren Indikatoren gerecht zu werden und sich weniger auf wirtschaftliche Eckdaten zu beziehen. Vorläufig betrachteten sie die ärmsten und strukturschwächsten Länder, welche in einer Gruppe zusammengefasst werden sollten. Die Zurechnung zu den so genannten LDCs unterliegt bestimmten Kriterien, welche erfüllt sein müssen. „Bis 1990 waren das PKE, der Industrieanteil am BIP und die Alphabetisierungsrate der erwachsenen Bevölkerung ausschlaggebend." (LACHMANN 2004: 16) Jedoch wurde sehr schnell deutlich, dass die alleinige Bezugnahme auf diese Faktoren eher unzureichend war, da sie eben nicht die Heterogenität der EWL widerspiegelte. Daher kam es zu regelmäßigen Änderungen und Erweiterungen, die in den heutigen Kriterienkatalog mündeten.

a) ein arithmetisches Mittel aus drei Jahren des BIP pro Kopf von unter 900 $
b) die Erfüllung des „Human Resource Weakness" –Kriteriums
c) das Vorliegen einer „Economic Vulnerability"

Obwohl sich die UN von der wirtschaftlichen Belastung der Kriterien zu lösen versucht haben, ist es ihr dennoch nicht sehr gelungen. In zwei Kategorien lässt sich zweifelsohne eine ökonomische Sichtweise erkennen. Bereits mit dem unter a) aufgeführten Kriterium werden die UN dem BIP, als in allen Klassifizierungen wichtigster Faktor, gerecht. Allerdings ist hier zu betonen, dass der Fokus auf eine längere Periode gerichtet ist. Dies ist durchaus sinnvoll, da damit mögliche Jahresschwankungen eliminiert werden. Die vorerst gängige Grenze von einem jährlichen PKE unter 473 $ unterlag den gesamtökonomischen Verzerrungen einer Gesellschaft und die Zugehörigkeit einiger Länder wurde fragwürdig, da ihr PKE mal darunter beziehungsweise darüber lag und somit nie eine Einigung im Hinblick auf eine Gruppenzuteilung erzielt werden konnte. Besonders für die LDCs kann das fatale Folgen haben, da sie abhängig von internationalen Krediten sind und nur diese Staaten gesonderte Bedingungen erhalten. Als zweiter ökonomischer Aspekt fließt der EVI in die Klassifizierung hinein, welcher sich „...aus der Instabilität der Exporte, der wirtschaftlichen Bedeutung der Industrie und des modernen Dienstleistungssektors, der Instabilität der landwirtschaftlichen Produktion, der Exportkonzentration sowie der Größe des Landes." (LACHMANN 2004: 17) zusammensetzt. Damit werden die UN der eben schon angesprochenen Verwundbarkeit der EWL gerecht und koppeln den gesamtökonomischen Aspekt vom PKE eines Landes ab. Die Konzentration auf die wirtschaftliche Ausstattung eines Landes und die Wirkungen des Weltmarktes scheint eine gelungene Variante zu ergeben. Problematisch ist jedoch, dass in diesem Zusammenhang keine Kenndaten vorgegeben sind und nicht ersichtlich ist, wann eine Instabilität vorliegt oder wie eine wirtschaftliche Bedeutung gemessen werden kann. Im Rückblick auf vorherige Ausführungen, bezugnehmend auf statistische Schwächen, ist es wünschenswert, sich von Daten zu lösen und in Anbetracht der Situation eines Landes zu entscheiden. Das können natürlich Grenzfällen zu Schwierigkeiten führen, da der individuelle Aspekt in der Einordnung eine höhere Bedeutung erhält.

Im sozialen Kriterium der „Human Resource Weakness", welche sich am APQLI orientiert, ist anzumerken, dass die Teilindikatoren Ernährung, Gesundheit und Alphabetisierungsrate bei Erwachsenen einen sehr großen Spielraum individueller Entscheidungen offen lassen. Innerhalb dieser Teilindikatoren ist eine Abkoppelung von statistischen Werten nicht möglich, da die Lebenserwartung, welche in engem Zusammenhang mit Ernährung und Gesundheit steht, in Jahren gemessen wird. Die UN beziehen sich hierbei auf die harten Grundbedürfnisse, zu denen die Ernährung und die Trinkwasserversorgung, welche durch statistische Werte abgegrenzt werden können, zählen. Die Ernährung wird laut der Weltbank in Kalorien angegeben, deren Bedarf bei unterschiedlichen Quellen zwischen 2300 Kcal und 2600 Kcal schwanken. Im Bezug zu der Versorgung mit Trinkwasser wird auf deren Verfügbarkeit und einer Entfernung zur nächsten Quelle von weniger als 200 m abgezielt. Die statistische Abgrenzung der weiteren Kriterien gestaltet sich jedoch schwieriger. Zum einen wird die Gesundheit angegeben, bei der die Bekämpfung verbreiteter Krankheiten sowie eine Ernährungs- und Hygieneberatung im Mittelpunkt stehen. Bei welchem Wert wir davon ausgehen können, ist statistisch unklar, da es keinen Messpunkt gibt. Zum anderen gilt die Unterkunft als weiteres Kriterium. Sie „...soll [den] Menschen dauerhaften Schutz vor klimatischen und anderen Umwelteinflüssen gewähren." (Schubert 1994:15). Bezugnehmend auf die Alphabetisierungsrate der Erwachsenen können auch Rückschlüsse auf die wirtschaftlichen Kriterien erfolgen, da Bildung zum Humankapital zählt, welches sich auf die Produktivität und schlussendlich auf den Lebensstandard auswirkt.

Im Jahr 2002 wurden 49 Staaten als LDCs bezeichnet, in denen „...ungefähr 13 % aller Menschen der EWL und gut 10 % der Weltbevölkerung [leben], die allerdings nur 0,5 % des weltweiten BSP produzieren. In ihnen leben 610,5 Mio. Menschen." (LACHMANN 2004:

17) Innerhalb der LDCs wurden jedoch Unstimmigkeiten aufgedeckt, weil geographische Aspekte nicht berücksichtigt wurden. Um dem Abhilfe zu schaffen, unterteilten die UN die LDCs zusätzlich nach ihren geographischen Gegebenheiten. Als Folge wurden zwei weitere Gruppen gebildet, welche die LLCs und die SIDSs betreffen. Während bei den LLCs der Meereszugang von Bedeutung ist, liegt der Fokus bei den SIDSs auf die Insellage. Auch im Zuge der Weltwirtschaftskrisen wurde eine weitere Untergruppe ins Leben gerufen, welche sich durch „...ein niedriges PKE, eine drastische Verteuerung der Einfuhrpreise lebenswichtiger Güter im Vergleich zu den Exporteinnahmen, hohe Schuldendienstrate und geringe Devisenreserven sowie hohe Transport- und Transitkosten. (LACHMANN 2004: 18) indizieren und als MSAC bezeichnet werden.

5. Neue Ansätze der entwicklungstheoretischen Debatte

5.1. Vorbemerkungen

In den neunziger Jahren des letzten Jahrhunderts kam es infolge des Scheiterns der großen Theorien zu einem vorerst zaghaften Umdenken. MENZEL und andere Autoren hatten ganze Arbeit geleistet und man traute sich weniger an erklärende Theorien der UE. Jedoch wurde auch der Ruf nach neuen Erkenntnissen laut, von dem sich die Wissenschaft leiten ließ und in eine neue entwicklungstheoretische Debatte einstieg. Verschiedene Autoren kamen zu der Einsicht, dass Entwicklung beziehungsweise UE eine Vielzahl von deskriptiven Faktoren beinhaltet und daher auf ein allgemeines Konzept verzichtet werden müsse. In diesem Zusammenhang wurde der Ruf nach angepassten Entwicklungsstrategien und mehrdimensionalen Veränderungskonzepten laut. (vgl. BECKER 1999: 57) Aufgrund der neuen Erfahrungen begann sich eine Debatte zu entwickeln, welche verschiedene Ansätze beinhaltete. Neu daran war die Verbindung von Theorie und Strategie. Während die Wachstumstheorie oder die Dependenztheorie eine Erklärung für die UE suchten, ließen sich aus den neuen Ansätzen die Erklärungen sowie die möglichen Wege aus dieser Situation ableiten. Auch richteten sie sich nach der neuen Zeit und es kamen Ansätze auf, welche den modernen Ideen Rechnung trugen. Hierbei sei nur auf den stärker gewichteten Aspekt des Umweltschutzes hingewiesen. Allen Theorien gemeinsam ist die verstärkte Fokussierung auf verschiedene Gesellschaftsbereiche. Neben ökonomischen oder außenhandelspolitischen Kriterien wird nun zunehmend Gewicht auf eine ganzheitliche Betrachtungsweise gelegt. Allen voran ist zu betonen, dass es eine Abkehr von dem „from top to bottom"-Ansatz gab und nun der Fokus vielmehr auf die Mikroebene gelegt wird. Verschiedene Autoren suchen nach Wegen aus der UE, wobei es trotzdem nur Theorien sind, da eine Verifizierung in diesem jungen Stadium der Debatte nicht möglich ist. Weiterhin ist es eine Frage, inwieweit diese Ansätze umgesetzt werden können. Im Folgenden sollen einige dieser Ansätze vorgestellt und diskutiert werden.

5.2. Rückkehr zur traditionellen Kultur

Diese These setzt an der Mikroebene der Gesellschaft an, wobei der Fokus auf der kulturellen Regulationskraft liegt. Dieser von BECKER (1999: 50ff) und BLISS (1999: 70ff) vertretene Ansatz hat seinen Ursprung in den traditionellen Gesellschaften, welche bestrebt sind ihre Verhältnisse durch eigene kulturelle Elemente zu regulieren. Damit weisen die Autoren auf die historisch begründete Tatsache hin, dass sich traditionelle Gesellschaften anhand eigener Regeln organisieren. Demnach ist es ein eher anthropologischer Ansatz, in dem besonders periphere Regionen zur Geltung kommen. Aufgrund der immer stärker werdenden Belastung durch den Einbruch moderner Elemente werden gesellschaftliche Ressourcen zur Problemlösung aufgezerrt und es bleibt letztlich nur der Griff nach modernen Lösungsmethoden. Dadurch verlieren traditionelle Formen ihre Regulationskraft und demnach die Lokalitäten ihre kulturelle Eigenart sowie ihre eigenen kulturellen Ressourcen.

Die Autoren betreten damit eine Ebene, welche von älteren Ansätzen nicht beachtet wurde. Die Nutzung der lokalen Ressourcen ist eine allgemein weit verbreitete These, welche sie hier aufgreifen. Kulturelle Eigenarten tragen in sich die Kraft und die Ressourcen zur Problembewältigung. In der Vergangenheit wurde sich allzu viel Mühe gegeben, diese Ressourcen zu vernichten und durch staatliche Regulationsmechanismen - frei nach dem westlichen Muster - zu ersetzen. Hierbei liegt das Problem in der bereits beschriebenen Abwesenheit staatlicher Kontrollorgane in peripheren Räumen. Eine Organisation aufgrund staatlicher Organe fand selten statt, wobei gleichzeitig viel unternommen wurde, die traditionellen Gesellschaftsformen in die neue moderne Ordnung einzugliedern. Jedoch erwiesen sich diese als zunehmend resistent gegenüber äußeren Einflüssen und man versuchte mit Zwangsmitteln eine Kontrolle staatlicherseits zu erreichen. Damit vergrößerte sich allerdings nur der Gegendruck, was ein Grund für die eben betrachtete Abwesenheit des Staates darstellt. Daher ist weniger von einer Aufzehrung kulturellen Regulationsmechanismen auszugehen, sondern vielmehr von ihrer Konservierung.

Eine Ausbreitung moderner Lebensformen in ländlichen Räumen ist nicht zu bestreiten. Die Grundsätze der Moderne, welche als wesentliche Elemente einer nachholenden Entwicklung betrachtet wurden, hatten ihre Bedeutung im staatlichen Sektor, der sie jedoch im informellen Sektor verlustig gingen. Wo der Staat keinen Zugriff hatte, behielten traditionelle Elemente ihre Gültigkeit. Mit Blick auf die Gegenwart ist zu konstatieren, dass es zunehmend zu einem Rückgriff auf traditionelle Regulative kommt. Bereits BARGATZKY wies in seiner „Einführung in die Kulturökologie" aus dem Jahr 1986 auf diesen Aspekt hin. In seiner noch nicht veröffentlichen These der „Kulturellen Reserve" geht auch HAUSCHILD auf diese

Tatsache ein. Er bescheinigt darin den traditionellen Gesellschaften einen Rückgriff auf kulturelle Eigenarten als Gegenpol zur verstärkten Globalisierung im kulturellen Bereich. Demnach ist den Autoren nur zuzustimmen, wenn sie eine verstärkte Hinwendung zu kulturellen Elementen fordert.

BIERSCHENK (1999: 60ff) greift in seiner These der lokalen Entwicklungsmakler eine stärkere Hinwendung zu traditionellen Lebensformen auf, und verweist besonders auf klientelistische Muster, welche es zu benutzen gilt. Er fordert eine Dezentralisierung und Liberalisierung zur Aktivierung der Spielräume für eine Zivilgesellschaft. In diesem Zusammenhang muss darauf verwiesen werden, dass es in vielen EWL eine sehr schwache Zivilgesellschaft gibt und die geforderten Maßnahmen zu ihrer Bildung beitragen könnten. Damit wird eine partizipative Entwicklung aus Mikroprojekten heraus möglich. Diese These ist insoweit nicht zu verachten, wobei es doch unklare Aspekte gibt. Der Autor benennt als Motor dieser partizipativen Entwicklung die lokalen Eliten, welche er als Lokale Entwicklungsmakler bezeichnet. Damit fordert er genau wie BECKER (1999: 50ff) einen Rückgriff auf kulturelle Reserven, was als lobenswert gilt. Allerdings setzt er die Entstehung neuer Eliten voraus, welche durch urbane Räume einen Zugang zu externen Ressourcen erhalten. Allgemein mag dies zwar einleuchtend sein, aber einer genaueren Analyse nicht standzuhalten. Bei einer genaueren Betrachtung der Voraussetzungen für politische Teilhabe werden durchaus Unklarheiten sichtbar. Bezugnehmend auf die neuen Eliten ist eine politische Teilhabe fragwürdig. Wie der Autor schon sagt, ist eine Migration in die urbanen Zentren sowie deren Rückkehr in die Lokalitäten zu konstatieren. (vgl. BIERSCHENK 1999: 64) Voraussetzung dafür ist die lokale Verwurzelung dieser Personen, welche durch ihre Herkunft gegeben ist. Nun geht der Autor von gesammelten urbanen Erfahrungen aus, die ihnen gewisse Führungsfähigkeiten beimessen. Hier wird ein unklarer Aspekt deutlich. Er bescheinigt den Migranten gewisse Fähigkeiten, welche sie sich in urbanen Zentren angeeignet zu haben scheinen. Es ist jedoch nicht davon auszugehen, dass dies auf jeden Fall übertragbar ist. Vielmehr kommt es doch auf die individuellen Charaktereigenschaften an. Demnach führt eine urbane Lebensweise nicht zwangsläufig zu den konstatierten Fähigkeiten.

Ein weiterer unklarer Punkt in seiner These ist die Behauptung, wonach diese neuen Eliten Vereinserfahrungen haben, welche sie sich aufgrund von Kompetenzen angeeignet haben. Nun mag dies - besonders in afrikanischen Ländern, auf die er sich bezieht - möglich sein, aber dennoch nicht vollständig nachvollziehbar. Die Migranten gehen mit einer ländlichen Sozialisation und einer oftmals geringen Bildung in die Städte. Damit ändern sie zwar ihr Umfeld, aber nicht ihre soziale Position. Wie von vielen Autoren nachgewiesen wurde, sind die ersten Anlaufstellen in den urbanen Zentren in den Elendsvierteln zu finden. Daher kommt es sehr selten zu der Möglichkeit, seine soziale Position zu verbessern. Die Ursachen dafür sind in der Gesellschaft zu suchen. Ein Zugang zu externen Ressourcen ist aber häufig nur durch Bildung und höheren sozialen Status möglich. Da dies durch die Migration nicht zwangsläufig erreicht wird, ist nicht von einer Anhebung der sozialen Position auszugehen. Kehren diese Migranten zurück in ihre Lokalitäten, werden sie wahrscheinlich in die soziale Struktur wieder aufgenommen, wodurch sich an ihrer Position in ihrer Heimatlokalität nicht viel ändert. Des Weiteren kommen die auf historischen Grundlagen beruhenden starren Abhängigkeitsbeziehungen hinzu, in welche sie wieder eingefügt werden. Daher scheint es fragwürdig, inwieweit sich neue Eliten herausbilden und so zum Aufbau einer Zivilgesellschaft beitragen. Auch wenn der Autor dies für Regionen auf dem afrikanischen Kontinent erwähnt – aber nicht belegt – ist eine unbedenkliche Übertragung auf andere Regionen unwahrscheinlich, schon allein aufgrund der kulturellen Unterschiede.

5.3. Aufbau einer Zivilgesellschaft

EVERS (1999:164ff) entfernt sich mit seiner These von einem individuellen Ansatz und setzt stattdessen den Bezugspunkt auf ein Gruppenbewusstsein. Dabei geht er von einem gemeinsamen Interesse zur Ressourcenaneignung aus und bezeichnet die so entstehenden Gruppen als strategische Gruppen. Das Kernstück seiner These beruht auf „Entstehung, Wachstum und Zerfall strategischer Gruppen als langfristiger Prozeß sowie die sich verändernden Konfigurationen von Kooperation und Konflikt zwischen strategischen Gruppen bis hin zur Klassenbildung..." (EVERS 1988: 13). Er definiert das Subjekt seiner These als aus Personen bestehende Gruppen, „...die durch ein gemeinsames Interesse an der Erhaltung oder Erweiterung ihrer gemeinsamen Aneignungschancen verbunden sind. Diese Aneignungschancen sind nicht allein auf materielle Güter ausgerichtet, sondern können auch Wissen, Prestige, Macht oder religiöse Ziele beinhalten." (EVERS 1999: 166)

In diesem Zusammenhang ist ihm durchaus beizupflichten, wenn er diese Gruppen „...als wesentliche Kraft im Kräftespiel [...] einer Gesellschaft..." (ebd.) bezeichnet. Allerdings ist nicht von einer Bildung dieser Gruppen ohne gewisse Voraussetzungen auszugehen. Auch wenn eine Interessenaggregation gefordert wird, kann diese nicht entstehen, solange die infrastrukturellen Erfordernisse nicht erfüllt sind. Als Bedingung sind Kommunikationskanäle notwendig, welche die Gruppe selbst durchzieht und diese auch mit anderen Gruppen verbindet. Dem widersprechen jedoch die realen Verhältnisse in besonders peripheren Regionen, wo Einrichtungen der Telekommunikation eher Mangelware sind. (Tab. 8) Aufgrund dessen ist sein Ansatz – wie auch jener von BIERSCHENK – als fragwürdig anzusehen. Strategische Gruppen, wie Bürgerinitiativen oder Vereine, sind zwar unerlässlich für die Entstehung einer Zivilgesellschaft, nur kann nicht von einer Ad-hoc-Bildung ausgegangen werden, ohne die gesellschaftlichen Rahmenbedingungen zu verändern. Solche Rahmenbedingungen zeichnen sich verantwortlich für die Marginalisierung bestimmter Bevölkerungsgruppen, wie beispielsweise den Indígenas in LA. In diesem Zusammenhang ist ihnen eine Interessenaggregation unmöglich, wodurch sie ihre Forderungen nur schwer durchsetzen können. Auch politische Faktoren können als hinderlich gelten. Besonders in stark zentralisierten Staaten ist es fraglich, ob sich strategische Gruppen bei den politischen Entscheidungsträgern Gehör verschaffen können. Es ist zu konstatieren, dass nur Gruppen mit einem gewissen Zugang zu externen Ressourcen die Fähigkeit einer Interessenorganisation besitzen, wie es der Autor an anderer Stelle (1988: 8f) den Herrschaftsorganisationen von Bürokratie und Militär bescheinigt. Bei fehlender Faktorausstattung ist dies nur mit sehr hohem Aufwand möglich, wozu externe Ressourcen notwendig sind, welche bei marginalisierten Gruppen ungenügend sein dürften.

Auch wenn die Theorie der strategischen Gruppen innerhalb der entwicklungstheoretischen Debatte diskutiert wird, bleibt zu klären, inwieweit NGO's, Gewerkschaften oder Bauernbewegungen als diese zu interpretieren sind. EVERS (1999: 170) weist auf diesen Punkt hin und bescheinigt ihnen eine unklare Rolle. Sicherlich kann davon ausgegangen werden, dass die notwendigen Ressourcen in diesem Fall vorhanden sind, was aber die Frage aufwirft, inwieweit sie wessen Interessen durchsetzen können. Obwohl es inländischen Gruppen mit Ressourcenzugang möglich ist, eine Interessenaggregation zu bewerkstelligen, bleibt es fragwürdig, welche Forderungen sie vertreten und ob diese einen mittelbaren Nutzen für die marginalisierten Gruppen darstellen. Daher ist in jedem Fall zu prüfen, welche Bevölkerungsgruppen sich für die Aggregation verantwortlich zeigen und wem diese Forderungen gelten.

5.4. Basisorientiertes Humankapital

Neben den kulturellen Ansätzen haben sich in der heutigen Zeit auch wieder ökonomische Theorien in der entwicklungstheoretischen Debatte etabliert. Diese neoklassischen Theorien legen den Fokus nicht auf makroökonomische Aspekte - wie ihre historischen Vorläufer - sondern vielmehr auf die ökonomische Faktorausstattung im Hinblick auf Sach- und Humankapital. Neoklassische Entwicklungsökonomen vertreten die Ansicht, dass der „...Schlüssel für wirtschaftliches Wachstum [im] Konsumverzicht zugunsten von Investitionen..." (Gundlach 1999: 173) in Sach- und Humankapital liege. Damit wird eine Investition als eine langfristig lohnende Anlage betrachtet, die zu höheren Erträgen und damit zu Wirtschaftswachstum führt.

Dem ist grundsätzlich zuzustimmen, wenn wir den „Teufelskreis der unzureichenden Kapitalnachfrage" (Abb. 8) zugrunde legen. Davon ausgehend wirken sich geringe Investitionen negativ auf Produktivität, PKE und Nachfrage aus. Historische Ansätze gingen von einem Sozialprodukt aus, welches ausschließlich durch Arbeit und Kapital bestimmt wird. Die Unzulänglichkeiten dieser Annahme sind hinlänglich bekannt, wo sie doch die Voraussetzungen für eine produktive Arbeit verkennen. Aus diesem Grund wurden in der Vergangenheit die

Investitionen im makroökonomischen Bereich konzentriert. Damit erhoffte man sich einen Anstieg der Produktivität infolge eines hohen technischen Aufwands. In der heutigen Zeit kam es - infolge gescheiterter Strategien - zunehmend zu der Einsicht, dass Produktivität nicht allein durch makroökonomische Investitionen zu erreichen sei. Vielmehr legt man den Fokus auf die gesellschaftliche Basis, von wo aus die Individuen zu einer verbesserten Produktivität gelangen. Ausschlaggebend dafür ist ein Humankapital, welches durch Investitionen in Bildung, Gesundheit oder Ernährung gefördert werden muss. Folglich wäre es möglich die Abhängigkeit von den IL zu verringern, da die Gesellschaft aus sich heraus eine Produktivität erreicht, womit ein höherer Lebensstandard möglich wird.

Es ist eine vielversprechende Theorie, welche die neoklassischen Entwicklungsökonomen aufgestellt haben. Positive Wachstumsimpulse aufgrund der dargelegten Maßnahmen setzen jedoch auch eine Verhaltensänderung der Eliten voraus. Anfängliche Investitionen müssten von der internationalen Gemeinschaft erfolgen, die im weiteren Verlauf auf die Bevölkerung umverteilt werden müssen. Dies ist in den letzten Jahren nicht geschehen, wie am Gini-Koeffizienten zu erkennen ist. (Tab. 10) Die Ursachen können in einer geringen Motivation der Eliten anzutreffen sein. Ein damit verbundener Prestigeverlust liegt nicht im Interesse der Eliten, was zu einer zwangsläufigen Einkommensverteilung innerhalb der herrschenden Bevölkerungsschicht führen muss. In diesem Zusammenhang kann auf die Arbeit der NGOs verwiesen werden, welche vornehmlich an der gesellschaftlichen Basis stattfindet. Problematisch ist jedoch die Tatsache, dass die Entscheidung über die Arbeit der NGOs schlussendlich bei den Regierungen der Empfängerländer liegt. Da dort die Eliten des Landes großen Einfluss auf die staatliche Politik ausüben, kann sich eine zielorientierte Entwicklungshilfe als schwierig erweisen. Es hängt demnach von der Bereitschaft der Eliten ab, inwieweit sie auch internationale Investitionen zulassen. Demnach kann davon ausgegangen werden, dass auch in diesem Aspekt ein gesamtgesellschaftlicher Wandel notwendig ist.

Wie jedoch auch HEIN (1999: 226) angibt, sind es nicht nur die ökonomische Investitionen, welche eine Produktivität zur Folge hätten, sondern auch die rechtsstaatlichen Grundlagen und die Wirtschaftspolitik. In diesem Zusammenhang ist zu erwähnen, dass Stabilität und Legitimität des politischen Systems einen entscheidenden Anteil am Wirtschaftswachstum haben. Weiterhin muss der Fokus auch auf die „fundamentals" gerichtet sein, welche der Autor in den sozialen Grunddiensten und dem Schutz benachteiligter Gruppen und der Umwelt sieht. Durch diese Maßnahmen des „good governance" kann es zu einer Einbettung des Staates in die Gesellschaft kommen und eine Steigerung des Lebensstandards aufgrund gesicherter Grundbedürfnisse wäre möglich.

6. Zusammenfassende Konzepte und Strategien

6.1 Regionalen Verwundbarkeit

Alle genannten Ansätze – wobei sie nur ein Überblick geben – können Möglichkeiten zu neuen Entwicklungskonzepten aufzeigen. Jedoch ist es nicht sehr hilfreich, sich nur auf bestimmte Konzepte zu beziehen. So zeigen allein kulturelle Ansätze eine nur geringe Wirkung, wenn das gesellschaftliche Umfeld keinen Veränderungen unterzogen wird. Demnach müssen mehrere Konzepte miteinander verbunden werden. Das wird anhand des Konzeptes der regionalen Verwundbarkeit versucht, wobei neue Ansätze als Grundbaustein einer sozialwissenschaftlichen Perspektive gelten, welche sozio-kulturelle und politisch-ökonomische Zusammenhänge in eine Betrachtung einbeziehen. Damit liegt der Fokus auf den gesellschaftlichen Rahmenbedingungen, die über eine Verwundbarkeit bestimmter Bevölkerungsgruppen entscheiden. BOHLE (1994:400) bezieht sich in diesem Zusammenhang auf CHAMBERS, welcher Verwundbarkeit an drei Risikodimensionen festmacht. Gekennzeichnet sind diese durch das Risiko, in eine Stresssituation zu gelangen, die geeigneten Bewältigungsstrategien sowie die negativen Folgewirkungen, von denen sich eine Bevölkerungsgruppe nur bedingt erholen kann. Hierbei wird ein Ansatz verfolgt, wonach „...entsprechende Verhaltensweisen [...] von gesellschaftlichen Zielen, ökonomischen Risiken und den kulturspezifischen Normen einer Gesellschaft..." (ebd.) abhängen. Der hier postulierte humanökologische Ansatz bezieht sich auf die Wechselwirkungen zwischen einem „natürlichen Ereignissystem" und einem „menschlichen Nutzungssystem". (ebd.) und legt den Fokus der Betrachtung hauptsächlich auf natürliche Extremereignisse. Auch wenn dies der Fall sein mag, sind es nicht allein natürliche Ereignisse, sondern auch gesellschaftliche Rahmenbedingungen, welche Auswirkungen auf die lokalen oder regionalen Ebenen haben. In diesem politisch-ökonomischen Ansatz wird die Abhängigkeit der Bevölkerung von wirtschaftlichen und politischen Machtverhältnissen deutlich. Hier liegt der Bezug auf der Marginalisierung der Bevölkerung, der über den Zugang zu den Produktionsmitteln entscheidet. So können beispielsweise neoliberale Reformen katastrophale Auswirkungen auf traditionelle Gesellschaften haben. Bezugnehmend auf Lateinamerika führte die spanische Eroberung zu einem Zusammenprall verschiedener Kulturen, deren Folgen noch heute sichtbar sind. Im Hinblick auf kulturelle Ansätze kann ein Verlust der traditionellen Regulationskraft durch den Einbruch moderner Organisationsformen zu einer Verwundbarkeit bestimmter Bevölkerungsgruppen führen. Diese sozialen Sicherungssysteme, welche in jeder Gesellschaft determiniert sind, bieten geeignete Bewältigungsstrategien in Stresssituationen. Demnach können historisch bedingte Verhaltensweisen eine größere Sicherheit bieten als neue moderne Scherungssysteme. Es liegt nahe, diesem Ansatz zu folgen, da besonders im familiären Kontext nicht nach individuellen Aspekten, sondern nach Verwandtschaft entschieden wird.

Zur Verdeutlichung dieses Ansatzes soll auf Bolivien verwiesen werden, welches als das „Armenhaus“ Südamerikas gilt. Als ein Entwicklungshemmnis wurde die gesellschaftliche Ordnung gesehen, die noch immer an koloniale Verhältnisse erinnert und ein Grund in der Marginalisierung der indigenen Bevölkerungsschichten zu finden ist. Seit den letzten Jahren ist jedoch die Forderung nach Partizipation in den Reihen der Indígenas laut geworden. In diesem Rahmen soll auf die indigenen Ressourcen verwiesen werden, welche in den traditionellen Gemeinschaften (*Ayllus*) der Quechua oder Aymara liegen. Darauf bezugnehmend fand im Februar diesen Jahres ein Treffen der indigenen Führungspersönlichkeiten statt, um die kulturelle Rückgewinnung von präkolonialen Organisationen und die Struktur der Ayllus wieder zu beleben. Dieser Rückgriff auf die – von HAUSCHILD – postulierte kulturelle Reserve bezieht sich auf die inne wohnenden Charakteristika, wie einer eigenen Rechtssprechung und politischem System, den Formen der kollektiven Produktion und des Tauschhandels, ihrer eigenen Religion und indigenen Muttersprache beziehungsweise der traditionellen Medizin- und Erziehungssysteme. (vgl. VACAFLOR 2006: ???) Ziel soll es sein, Auswege aus der neoliberalen und diskriminierenden Dezentralisierungspolitik, wodurch die indigenen Gemeinschaften „...bekämpft, fragmentiert und geschwächt...“ (ebd.) wurden, zu finden. Damit wird eine Tendenz zur verstärkten Partizipation indigener Gruppen am Staat deutlich und es könnte zu Revitalisierungs- und Rückbesinnungsprozesse auf traditionelle Elemente kommen. In diesem Zusammenhang kann das laufende Jahr der Beginn einer neuen Zeit für Bolivien werden, da erstmals - mit Evo Morales - ein Präsident mit indigenen Ursprung das höchste Amt des Staates besetzt.

6.2 Politischen Ökologie

Im vorangegangenen Abschnitt wurde auf die kulturellen Ressourcen in Verbindung mit dem Staat verwiesen. Dies ist aber im Hinblick auf die gegenwärtigen Globalisierungstendenzen nicht ausschlaggebend für eine Entwicklung, welche mit dem Schlagwort der „Nachhaltigkeit“ verbunden ist. Hierbei werden Umweltprobleme angesprochen, welche nicht mehr nur als nationale Probleme angesehen werden können. Bezugnehmend auf die behandelte Poarisierung der Welt in Erste, Zweite oder Dritte Welt beziehungsweise in IL, SL und EWL beinhalten die Globalisierungstheorien den Ansatz der Einen Welt, wobei es darauf ankommt, diese auch für nachkommende Generationen zu schützen und lebenswert zu erhalten. Der Umweltschutz wird damit zum globalen Problem erhoben und auch in den neuen Konzepten der entwicklungstheoretischen Debatte mit einbezogen. Hierbei wird auf die enge Verflechtung der menschlichen Gesellschaft mit den natürlichen Ressourcen hingewiesen und die Forderung nach deren Erhalt und Schutz postuliert. Auf dem 49. Geographentag in Bonn 1993 wurde in diesem Zusammenhang ein Konzept vorgestellt, welches sich diesem Ziel verschreibt und mit dem Paradigma einer „Politischen Ökologie“ versehen wurde. Diesen Begriff, welcher auf BLAIKIE und BROOKFIELD aus dem Jahr 1987 zurückgeht, greift BOH-

LE (1995: 61) auf, um auf die Überlagerung von Weltintegration und Umweltproblemen hinzuweisen. Es tritt nach seinen Worten in Kraft, „...wenn sie sich in anwendungsorientierter Weise der Erhaltung und Bewertung des ökologischen Potentials von Räumen, ihrer Tragfähigkeit [und] Belastbarkeit zuwenden, um daraus die Möglichkeiten und Grenzen einer nachhaltigen wirtschaftlichen Nutzung [...] abzuleiten...". Demnach sind die Bestrebungen aller Länder zur Partizipation am Weltmarkt mit weiteren – sich daraus ergebenen – Problemen behaftet, welche mit Blick auf die Zukunft nicht vernachlässigt werden dürfen. „Die gängigen Untersuchungsperspektiven der „Politischen Ökologie" richten sich auf die jeweiligen Rollen von Staat und Wirtschaft, die immer vor dem Hintergrund der Problematik von Nachhaltigkeit und Tragfähigkeit von Entwicklungsprozessen gesehen werden." (ebd.) In Abbildung 9 ist dieses Konzept schematisch dargestellt. Hierbei werden der wissenschaftliche Gegenstand und die entwicklungstheoretischen Grundlage als Basis für die Untersuchungsperspektiven festgelegt, um im Verlauf der Analyse spezielle Wirkungen und Folgen aufzuzeigen. Die Verknüpfung der verschiedenen gesellschaftlichen Ebenen (global bis lokal) ist ein wichtiger Aspekt dieses Konzeptes. Demnach ist eine globale Zusammenarbeit die Vorraussetzung für eine nachhaltige Entwicklung, in der die lokalen Gruppen als Basis der hierarchisch gestaffelten Ebenen mit einbezogen werden.

6.3 Entwicklung von Innen

Eine Verknüpfung der eben behandelten Konzepte stellt die Strategie der „Entwicklung von innen" dar. Dieser, von Pachner (2006) am Beispiel Boliviens postulierte Ansatz verweist in starkem Maße auf die kulturellen Reserven, welche genutzt werden sollten, um eine Entwicklung, ausgehend von der lokalen Ebene, zu fördern. Unter Einbeziehung der andinen Kosmovision soll eine neue Regionalkultur entstehen, welche auch im Hinblick auf die Nachhaltigkeit bedeutend ist. Neben dem indigenen Bewusstsein werden die Umweltverträglichkeit sowie gesellschaftliche Aspekte zusammengefügt. In diesem Verflechtungsansatz, welcher in Abbildung 10 spiralförmig dargestellt ist, sind „...indigenes Bewusstsein bzw. intrinsische Motivation, Information und Bildung, endogene wirtschaftliche Entwicklung, Intention beim raumwirksamen Handel und politikwissenschaftliche Integration für die Entwicklung von innen..." (ebd.) als Schwerpunkte dargestellt. In kultureller Hinsicht wird die Nutzung der traditionellen Werte gefördert, die bereits im Hinblick auf die Verwundbarkeit aufgezeigt wurde. Weiterhin sind politische und wirtschaftliche Rahmenbedingungen zu berücksichtigen, welche in der Partizipation sowie der Innovation von Bedeutung sind. Hierbei wird die Beteiligung der hauptsächlich indigenen Bevölkerung gefordert, wobei nicht nur eine Zivilgesellschaft, sondern auch regionalen Märkte entstehen. Unter Einbeziehung der Bevölkerung in veränderte Rahmenbedingungen wird so eine regionale Entwicklung angestrebt, welche den Konzepten der Verwundbarkeit und der politischen Ökologie entspricht.

Durch die Verknüpfung verschiedener gesellschaftlicher Faktoren ist dieser Ansatz recht interessant, da er eine ganzheitliche Sichtweise beinhaltet und versucht Veränderungen auf mehreren Ebenen gleichzeitig zu erreichen. Problematisch hierbei könnte die Einbeziehung der Eliten werden. Diese müssen die Bereitschaft zu Veränderungen aufweisen, um die bestehenden Fesseln einer Entwicklung zu sprengen. Ist dies nicht der Fall dürfte sich die Durchsetzung dieses Konzeptes als eher schwierig erweisen. Daher müssen die Eliten motiviert werden, diese Veränderungen zu akzeptieren und gegebenenfalls den Verlust ihres sozialen Prestiges hinzunehmen. Bezugnehmend auf die Geschichte LAs war das Verhalten der Eliten ein Entwicklungshindernis. In Anbetracht der immensen Verschuldung im Zuge einer unangepassten Wirtschaftspolitik waren die Eliten die treibenden Kräfte, die an diesen wirtschaftlichen Rahmenbedingungen festhielten, um ihre Vorteile zu sichern. Daher sollte der Fokus einer Strategie nicht nur auf der lokalen Bevölkerung liegen, da die Eliten eines Landes ebenfalls mit einbezogen werden müssen. Es dürfte eher schwierig sein, die verfestigten klientelistischen Strukturen aus kolonialer Zeit zu sprengen, um so den Zugang zu übergeordneten Ressourcen für die unteren Bevölkerungsschichten zu garantieren.

6.4 Dezentralisierung und nachhaltige Regionalentwicklung

Nachdem sich eine Entwicklung aus den traditionellen Werten der Gesellschaft als unumgänglich erwiesen hat und die Rolle der Eliten eingehend analysiert wurde, wird der jeweils einseitige Charakter der behandelten Konzepte deutlich. Während das Konzept der „Politischen Ökologie“ eine staatliche Steuerung, welche eng mit den regionalen und lokalen Gegebenheiten verknüpft ist, postuliert, zeigt die Strategie der „Entwicklung von innen“ die enorme Signifikanz eines, von der Lokalität ausgehenden, Wachstums. Wie bereits deutlich wurde, spielen beide Konzepte eine tragende Rolle im entwicklungstheoretischen Kontext. Jedoch muss auf eine weitere notwendige Verknüpfung dieser Ansätze hingewiesen werden. PACHNER (1998) verweist in diesem Zusammenhang auf die Verflechtung einer „Entwicklung von oben“ sowie einer „Entwicklung von unten“ und bezieht sich somit auf eine Mehrebenenanalyse, wobei beide Akteure - Staat und Bevölkerung - ineinander greifen. Wie in Abbildung 11 dargestellt, erhalten die Makro- und Mikroebenen eine signifikante Bedeutung im Entwicklungsprozess einer Gesellschaft. Der Autor (1998: 247) verweist hierbei auf „...Einflussfaktoren unterschiedlicher Größenordnungen, wie sie bei der Entwicklung (von oben/top down) von Staatsorganen aus und von der Bevölkerung aus (von unten im Sinne von bottom up) zur Wirkung kommen.“. Ein Schlagwort in diesem Ansatz ist die geforderte Dezentralisierung, wobei Entscheidungsbefugnisse auf sachnahe Ebenen in einzelnen Provinzen und Gemeinden verlagert werden. Dadurch werden kulturspezifische, politische und ökonomische Rahmenbedingungen in Form von Gesetzen bereitgestellt, welche Auswirkungen auf die lokalen beziehungsweise regionalen Gegebenheiten haben.

Im optimalen Fall wird der Aufbau einer starken Zivilgesellschaft gefördert, die auch die Fähigkeiten besitzt, eine Bewusstseinsveränderung zu erreichen. Damit soll angedeutet werden, dass eine Entwicklung nur stattfinden kann, wenn diese mit einer Verhaltensänderung innerhalb der Gesellschaft verbunden ist. MERTINS (1998) hat im Rahmen einer Studie zur nachhaltigen Stadtentwicklung (Abbildung 12) auf eine dazu gehörende Bereitschaft hingewiesen. Sein Konzept kann durchaus auch in den gesamtentwicklungstheoretischen Kontext übertragen werden. Bezugnehmend auf den Autor (1998: 309) gilt oft eine „...sehr langwierige Bewusstseins- und Verhaltensveränderungen auf den verschiedenen Handlungsebenen..." als eine Grundvoraussetzung für eine effektive, nachhaltige Entwicklung. Hierbei wird die Notwendigkeit eines gesellschaftlichen Umbruchs angesprochen, in dessen Verlauf eine Abkehr von traditionellen klientelistisch-geprägten Verhaltensmustern wünschenswert ist. Damit soll keineswegs auf die Errichtung demokratischer Strukturen verwiesen werden. Vielmehr sollten indigene Gesellschaftsformen, welche aus der andinen Kosmosvision hervorgegangen sind, übernommen und mit modernen Elementen verknüpft werden.

7. Kritik und Schlussbetrachtung

Der anfängliche Konsens in der entwicklungstheoretischen Debatte über eine Homogenität der EWL konnte nicht verifiziert werden, was zu der Krise der - nach Erklärungen suchenden - Theorien führte. In der zweiten Hälfte des letzten Jahrhunderts eröffnete sich der Wissenschaft eine höchst heterogene Dritte Welt, wonach eben nicht mehr von Gemeinsamkeiten der Entwicklung gesprochen werden konnte. Diese Erkenntnis hatte Überlegungen zur Folge, in den EWL selbst nach Ursachen und Strategien zu suchen. Der Rückgriff nach Indikatoren war eine logische Konsequenz, was aber die Situation der Wissenschaft nicht zwangsläufig verbesserte. Eine Indikatorenbewertung bringt immer individuelle Charakterzüge mit sich. Demnach bleibt es dem Forscher überlassen, welche Indikatoren in eine Analyse einfließen und welche eben außen vor bleiben. Eine Beachtung sämtlicher Kriterien scheint - aufgrund deren Vielzahl - unmöglich. Weiterhin kommt die Unschlüssigkeit hinzu, wo die Grenze zur UE gezogen werden soll. Dass diese Grenze an statistischen Daten festgemacht wird, ist verständlich, aber dennoch schwierig. Denn Daten geben nur bedingt ein Bild der Realität wieder und können zu Verzerrungen führen, welche ein völlig falsches Bild eines EWL wiedergeben. Es bleibt die Gewissheit, dass es durchaus Bereiche und Tatsachen gibt, die nicht verifizierbar sind. Sei es die Einkommensverteilung oder der unterschiedlich ausgeprägte Zugang zu den Grundbedürfnissen, wo statistische Daten nur einen Durchschnittswert angeben und daher eine begrenzte Relevanz besitzen. Daher sind quantitative Daten nicht als ausreichend zu betrachten. Vielmehr sind auch persönliche Erfahrungen oder Informationen von Insidern von Bedeutung. In diesem Zusammenhang kommt es einem Ethnozentrismus gleich, wenn sich die Wissenschaft aus ihrem Kontext heraus mit der UE beschäftigt und versucht diese zu umschreiben. Es ist von immenser Bedeutung, auch die unter Armut lebenden Personen zu beachten. Sie können eher ein Bild von der UE wiedergeben, welches die Wissenschaft mit quantitativen Daten koppeln muss. Die hier postulierte Verbindung von quantitativen und qualitativen Daten sollte der Ansatz einer wissenschaftlichen Analyse der UE sein. Statistische Daten sind hilfreich um einen Überblick über eine Region zu erhalten, wobei im Nachhinein auch normative Werte mit einfließen müssen. Diese können in den verschiedenen Regionen zu unterschiedlichen Ergebnissen führen, was wiederum die Heterogenität der Dritten Welt verdeutlicht.

In diesem Zusammenhang kam es auch zu Klassifizierungen der Länder, wobei die Gängigsten in Abschnitt 5 dargestellt wurden. Es zeigte sich auch hier eine Unstimmigkeit und keine Übereinstimmung, wodurch sämtliche Aussagen von vornherein einer Kritik unterzogen werden können, da unterschiedliche Meinungen im entwicklungstheoretischen Diskurs vorhanden sind. Allgemeine Überlegungen tragen daher einen Widerspruch in sich. Eine Klassifizierung scheint folglich obsolet geworden zu sein. Auch wenn internationale Organisationen ihre monetären Hilfsmittel aufgrund von Klassifizierungslisten verteilen und diese als notwendig erscheint, ist dies doch recht fragwürdig. Unterschiedliche Staaten und Kulturen werden mit Prädikaten versehen, die auf einer Basis der Homogenität bauen. Gerade diese Hilfsleistungen sind für eine Vielzahl der EWL eine Haupteinnahmequelle, was deren Abhängigkeit verdeutlicht.

Hierbei darf es jedoch zu keiner einseitigen Schuldzuweisung kommen. Auch wenn vorerst das internationale Umfeld im Fokus lag, muss doch auch auf gesellschaftliche Strukturen hingewiesen werden. Diese zeigen sich verantwortlich für die Verteilung der Einkommen, sei es aus produktiver Arbeit heraus oder eine bezogene Rente. Damit soll festgestellt werden, dass auch neue entwicklungstheoretische Ansätze einem Problem begegnen, welches in den Gesellschaften selbst zu suchen ist. Schließlich ist es eine Tatsache, dass Hilfsorganisationen und deren monetäre Mittel einem staatlichen Einfluss unterliegen. Hierbei soll darauf hingewiesen werden, dass eine Bezugnahme auf Indikatoren irrig zu sein scheint. Auch wenn wir in sämtlich betrachteten Indikatoren vergleichsweise geringe Ergebnisse erzielen, kann dennoch nicht von einer Gleichverteilung der Unterstützungen ausgegangen werden. Wem sie schlussendlich zugute kommen, hängt nicht allein von den NGO's oder den bi- beziehungsweise multilateralen Gebern ab. Eine Entwicklung wird demnach nicht nur von der internationalen Gemeinschaft, sondern in hohem Maße von den strukturellen Gegebenheiten des jeweiligen Landes geleitet.

Nun betonen die neuen entwicklungstheoretischen Ansätze den Grundsatz der innergesellschaftlichen Entwicklung. Demnach sollen Entwicklungsimpulse von Außen initiiert werden und folglich eine ausbreitende Wirkung auf die Gesellschaft haben. Hierbei stellt sich das Problem, wo denn nun ein Impuls eingeleitet werden soll. HELMING (1999: 240) bringt es auf den Punkt, wenn er fragt: „Sollen Entwicklungsländer ihre Güter- und Kapitalmärkte öffnen, und wenn ja, wann und wie weit? Oder: Welche Rolle spielt der Staat im Entwicklungsprozeß?“. Nun bezieht sich Autor auf die staatliche Ebene. Dennoch ist das Problem auch auf lokale oder regionale Ebenen übertragbar. Es stellt sich die Frage, wie eine EZ funktionieren kann.

Heute ist der geforderte holistische und mehrdimensionale Bezug unumstritten. In diesem Zusammenhang ist es unerheblich, ob der Fokus auf den lokalen Eliten oder der unteren Bevölkerungsschichten liegt. Die beschriebenen Ansätze - wobei darauf hingewiesen werden soll, dass es weitere gibt, welche aus Platzgründen unterschlagen wurden – haben eine Gemeinsamkeit. Alle legen den Fokus auf die gesellschaftliche Basis und fordern eine „Entwicklung von unten“. Dabei postuliert HELMING (1999: 242) folgendes Prinzip. „Schaue dir die verschiedenen Modelle an und finde die für dich am besten passende Lösung.“ Hierbei betont er die Mehrdimensionalität, wonach es notwendig ist, sich nicht auf einen Ansatz zu versteifen, sondern auch andere Modelle zur Geltung kommen zu lassen. Demnach ist in der heutigen EZ ein Bezug zu verschiedenen Möglichkeiten erforderlich. Es ist ein Zusammenspiel mehrerer Faktoren, welches eine Entwicklung voranbringen kann.

An diesem Punkt ist wiederum ein Schlagwort gefallen, das in dieser Schlussbetrachtung nicht fehlen darf, da es einen zentralen Charakter besitzt. Dies betrifft das Ziel einer jeden EZ, welches als die Entwicklung einer Gesellschaft angegeben wird. Auf diesen Begriff wurde in Abschnitt 2 hinreichend eingegangen und es soll auch keine weitere Auseinandersetzung damit geben. Jedoch sollten wir uns in diesem Zusammenhang die Begrifflichkeit der EWL noch einmal näher betrachten. Nachdem auf die Unzulänglichkeiten des Begriffs hingewiesen wurde, stellt sich die Frage nach seiner Zeitmäßigkeit. Der Grundgedanke der Homogenität der EWL, welcher zu dieser Begrifflichkeit führte, ist bekanntermaßen überholt. Der Begriff selbst hat sich jedoch in der entwicklungstheoretischen Debatte eingebrannt und geht uns zu leicht über die Lippen. Wenn dieser Begriff einen Prozess beschreibt, ist eine Einteilung in IL und EWL als obsolet anzusehen, da dies eine Entwicklung der IL ausschließt. Damit wird ein Zustand der abgeschlossenen Entwicklung suggeriert. Dem ist allerdings nicht so, denn von einem Stillstand der IL kann nicht die Rede sein. Vielmehr entwickeln sich die IL scheinbar schneller als die EWL, wobei diese zunehmend zurückbleiben. Dies betrifft im Übrigen auch die SL, welche sich laut MENZEL (1992: 29) zwar von den EWL absetzen, aber dennoch nicht zu den IL gezählt werden. Hierbei wird betont, dass diese Länder kurz vor dem Abschluss ihrer Entwicklung stehen. Die Bedeutung dieser Annahmen wurde oft verkannt. Sie reichen bis in die Kolonialzeit zurück, wo sich die Mutterländer mit Prädikat der höchsten Entwicklung ausgezeichneten. Eine Weiterentwicklung der Kolonialmächte wurde zwar festgestellt, jedoch galt ihre Entwicklungsstufe als das Optimum schlechthin. Jedoch war es genau diese menschliche Arroganz, mit der sich die westliche Welt auf die höchste Entwicklungsstufe stellte und aus moralischen Gründen zum Teil bis heute eine Entwicklungshilfe betreibt, welche den Ländern der Dritten Welt aufzeigt, „...was ihnen fehlt und was sie zu werden haben." (NOHLEN 1993:32).

Spätestens mit dem Scheitern der Theorien wurde eine Neubetrachtung notwendig, die auch eine Neuorientierung der Begrifflichkeiten nach sich ziehen sollte. Dies blieb allerdings lange Zeit aus und erst seit der Jahrhundertwende werden Forderungen nach einer begrifflichen Reform laut. Die Schwierigkeit besteht hier in der Begriffsfindung. Dabei ist es notwendig, sich von dem Postulat der Entwicklung zu trennen, was der Wissenschaft scheinbar schwer fällt. Dementsprechend wurde der Terminus der „Transformationsländer" vorgeschlagen, was auf den ersten Blick erfreulich ist. Bei genauerer Untersuchung konnte jedoch auch hier keine Abkehr von den alten Begrifflichkeiten konstatiert werden. Die Transformation beinhaltet schließlich eine höchst dynamische gesellschaftliche Veränderung, was auf eine Entwicklung hinausläuft. Die Entstehung dieses Terminus geht auf das Ende des Kalten Krieges zurück, wodurch es besonders in Zentral- und Osteuropa zu gesellschaftlichen Veränderungen kam, weshalb hier von Transformationen gesprochen wurde. Vor diesem Hintergrund sollte dieser Begriff auf sämtliche EWL verwendet werden, was durchaus möglich ist, aber dennoch nicht die IL davon ausschließt. Demnach unterliegen auch die IL gewissen Veränderungen oder Transformationen, wodurch dieser Begriff ungeeignet scheint. Andere Annahmen gingen wiederum davon aus, nur die SL in Transformationsländer umzubenennen. Das läuft auf eine Besserstellung dieser Länder heraus, was im Hinblick auf eigentliche EWL unfair zu sein scheint. Es besteht die Gefahr, die EWL auszusondern und nicht am Reichtum der Welt teilhaben zu lassen. SL können zwar aufgrund ihres sozioökonomischen Entwicklungsstandes und ihre wirtschaftlichen Dynamik nicht unbedingt als EWL gelten, jedoch wird hier ein hohes Maß den ökonomischen Faktoren beigemessen, wobei andere Indikatoren - wie in Abschnitt 4 – zu wenig berücksichtigt werden. Ob SL oder EWL, beide haben noch nicht den wünschenswerten Lebensstandard erreicht, wodurch es unzulänglich ist, eine Abgrenzung vorzunehmen.

In der neuen entwicklungstheoretischen Debatte wird auch der Terminus der „Ankerländer" erwähnt. Laut WIECZOREK-ZEUL verfügen diese über ein beträchtliches wirtschaftliches Gewicht in ihrer Region, welche aufgrund der Größe ihrer Volkswirtschaft eine Art Lokomotivfunktion übernehmen. Damit wird der rein ökonomische Charakter dieser Definition sichtbar. Andere gesellschaftliche Aspekte fließen nicht ein und man beschränkt sich ausschließlich auf die wirtschaftliche Leistungskraft dieser Staaten. Dennoch scheint dieser Ansatz möglich zu sein. Es ist den „Ankerländern" zuzutrauen, durch eine gesonderte Unterstützung einen spill-over- Effekt auf die Region auszulösen. Vorläufig sei dahin gestellt, ob und in wie weit dieser Ansatz Früchte tragen könnte, jedoch ist dies ein Weg im Hinblick auf die Integrationsbemühungen, welche besonders in LA zu konstatieren sind. Das dortige Integrationsprojekt des MERCOSUR[1] hat mit Brasilien einen Staat, welcher augenscheinlich eine Lokomotivfunktion einnimmt. Zumindest suggeriert er sich selbst als Führungsmacht und möchte diese Position auch ausbauen. Durch die - noch nicht vollständig eingerichtete – Zollunion sind überregionale Wachstumsimpulse möglich, welche sich auf die ganze Region positiv auswirken können. Im asiatischen Raum wird auf Indien als mögliches „Ankerland" verwiesen, wobei die erhebliche globale Bedeutung Chinas verkannt wird. Es sollte eher dieser Staat im asiatischen Kontext betrachtet werden. Auf dem afrikanischen Kontinent wird Südafrika eine besondere Rolle zugeschrieben, wobei es allerdings noch fraglich ist, inwieweit dies kontinentale Auswirkungen aufgrund der Größe der Region besitzt. Aus diesem Blickwinkel heraus nehmen „Ankerländer" eine Position zwischen EWL und IL ein. Sie gelten praktisch als Verbindungsglied zwischen zwei Welten mit unterschiedlichen Entwicklungsniveaus. Trotz allen Lobes für diesen Begriff darf dabei jedoch nicht der Interpretationsspielraum übersehen werden. So kann dies als ein Terminus ausgelegt werden, der die „Ankerländer" als eine Art Anhängsel bezeichnet. Daher muss in jedem Fall auf dessen Bedeutung verwiesen werden. Die alleinige Nutzung könnte den Eindruck einer Verallgemeinerung für alle EWL verlauten lassen, was die Wissenschaft wiederum vor Definitionsprobleme stellt.

In einem globalen Zusammenhang lassen sich andere Termini finden. Hier können die IL durchaus als globale Entscheidungs- oder Weisungszentren gelten, da sie maßgeblichen Einfluss auf die globale Wirtschaft haben. Dort sitzen die transnationalen Unternehmen oder „Global Players", welche ausschlaggebend für die weltweite Produktion sind. Übertragen wir diesen Begriff auf den Fokus der Entwicklungsländerforschung, so lässt sich eine deutliche Abkehr von einem Entwicklungsbegriff feststellen. Wie bereits in Abschnitt 2 gefordert, wird hierbei eine Situationsanalyse in den Vordergrund gestellt, die zu einem prozessualen Charakter beiträgt. Demgegenüber könnten Ausführungs- oder Empfängerländer stehen, welche die Entscheidungen der Zentren aufnehmen und umsetzen. Auch wenn dies produktionstechnisch zutrifft und dieser Begriff ebenfalls eine Momentaufnahme darstellt, lässt er sich dennoch nicht auf alle Gesellschaftsbereiche anwenden. Sie mögen zwar eine Vielzahl von Leistungen aus den globalen Entscheidungs- oder Weisungszentren erhalten, aber beispielweise im Hinblick auf Migrationsströme scheint dieser Terminus eher fragwürdig und hauptsächlich im ökonomischen Bereich anwendbar. Hier gilt wieder das Problem der stark ökonomischen Ausrichtung, von der sich die Wissenschaft eigentlich lösen sollte.

Auch wenn auf verschiedene Indikatoren verwiesen wird, ist die Konzentration auf einige wenige Gesellschaftsbereiche keine Hilfe. Der EZ muss die Aufgabe zukommen, an verschiedenen Fronten aktiv zu sein und punktuelle Hilfsleistungen sind zu vermeiden. Der Blickwinkel für den gesamtgesellschaftlichen Kontext muss allgegenwärtig sein. In diesem

1 Mercado Común del Sur: Argentinien, Brasilien, Paraguay, Uruguay und Venezuela

Zusammenhang ist eine Fokussierung auf einige Indikatoren oder Klassifizierungen unnötig, da sie den Blick verschleiern und eher vom eigentlichen Problem ablenken. In diesem Zusammenhang bleibt die Frage bestehen, welche sich darauf bezieht, in wie weit die Benutzung von schlecht begründbaren Termini der Wissenschaft dienlich ist.

Anhang

Tabellen

1.	Anteil der wirtschaftlichen aktiven Bevölkerung
2.	Landwirtschaftliche Produktion pro männliche Arbeitskraft
3.	Anteil der männlichen Arbeitskräfte im Agrarsektor
4.	Elektrizitäts-, Stahl- und Energieverbrauch
5.	Beitrag des sekundären Sektors am BSP
6.	Lohn- und Gehaltsempfänger der gesamt wirtschaftlich aktiven Bevölkerung
7.	Strukturelle Differenzierung der Produktion
8.	Ausgaben für Nahrungsmittel am gesamtprivaten Verbrauch

Tab. 1: Wirtschaftliche Indikatoren des UNRISD (Quelle: HEMMER 1988: 34, verändert)

1.	Lebenserwartung bei der Geburt
2.	Geburtenrate- und Sterberate
3.	Stadtbevölkerung in Prozent der Gesamtbevölkerung
4.	Gesamtscholarisation in Prozent der Altersgruppen zwischen 5 und 19 Jahren
5.	Verbrauch von tierischen sowie pflanzlichen Kalorien pro Kopf und Tag
6.	Durchschnitt der Personen pro Raum
7.	Anschluss an Telefon, Elektrizität, Radio pro 1000 Einwohner

Tab. 2: Sozialdemographische Indikatoren des UNRISD (Quelle: HEMMER 1988: 33f, verändert)

Länder	Bev.-wachstum in %	Urbanisationsgrad in %	Fertilität	Bevölkerung unter 15 J. in %
Lateinamerikanische Staaten				
Argentinien	1,0	90,1	2,4	27,1
Bolivien	1,7	63,4	4,0	32,2
Kolumbien	1,4	76,4	2,6	31,8
Brasilien	1,2	83,0	2,3	28,4
Peru	1,4	73,9	2,9	33,2
Westliche Staaten				
Australien	1,0	91,9	1,7	20,3
Finnland	0,2	61,0	1,7	17,7
Schweden	0,3	83,4	1,6	17,9
Südkorea	0,3	80,3	1,2	19,5
USA	0,9	80,1	2,0	21,1

Tab. 3: Demographische Daten (Quelle: UNDP 2005)

Länder	Lebenserwartung bei Geburt in Jahren	Säuglingssterblichkeit pro 1000 Geburten	Kindersterblichkeit per 1000 Geburten	Analphabetenquote bei EW in %
Lateinamerikanische Länder				
Argentinien	74,3	16	17	2,8
Bolivien	63,7	56	71	13,5
Brasilien	70,3	30	33	11,6
Haiti	51,5	-	76	48,1
Peru	69,8	30	26	12,3
Westliche Welt				
Australien	80,2	6	6	-
Deutschland	78,7	4	4	-
Japan	81,9	3	3	-
Schweden	80,1	3	3	-
USA	77,3	7	7	-

Tab. 4: Sozialdemographische Faktoren (Quelle: UNDP 2005)

Lateinamerika	HDI	HDI-Rang	Industriestaaten	HDI	HDI-Rang
Argentinien	0,837	35	China	0,872	26
Bolivien	0,643	114	Deutschland	0,911	14
Brasilien	0,747	74	Japan	0,924	9
Chile	0,826	38	Kanada	0,935	1
Ecuador	0,722	91	Neuseeland	0,903	20
Haiti	0,440	150	Norwegen	0,934	2
Honduras	0,653	113	Spanien	0,899	21
Mexiko	0,784	55	USA	0,929	3

Tab. 5: HD- Indices ausgewählter Länder (Quelle: UNDP 2005)

Lateinamerika	HPI in %	HPI-Rang
Bolivien	13,9	30
Chile	3,7	2
Costa Rica	4,0	3
Guatemala	22,9	51
Haiti	38,0	70
Kuba	4,8	5
Mexiko	8,4	13
Paraguay	9,4	17

Tab. 6: HP- Indices ausgewählter Länder (Quelle: UNDP 2005)

Ländergruppe bzw. -region	Bev. in Mio.	PKE in $	Ärzte pro 1000 EW	Wasserzu-gang in % der Bev.	Sanitärzugang in % der Bev.
Niedriges Ein-kommen	2495	430	-	76	43
Mittleres Einkom-men					
Untere Kategorie	2411	1390	1,9	81	58
Obere Kategorie	331	5040	1,8	-	-
Lateinamerika und Karibik	527	3280	1,5	86	77
Hohes Einkom-men	965	26310	3,0	-	-
Welt	6201	5080	-	81	55

Tab. 7: Wirtschaftliche und soziale Daten (Quelle: WELTBANK 2004)

	Telefonanschlüsse pro 1000 EW	Internetzugang pro 1000 EW
Lateinamerikanische Staaten		
Bolivien	72	-
Chile	221	272
Ecuador	122	46
Haiti	17	14
Peru	67	104
Venezuela	111	60
Westliche Staaten		
Deutschland	657	473
Norwegen	713	346
Kanada	651	-
Japan	472	483

Tab. 8: Kommunikationsnetz (Quelle: UNDP 2005)

Lateinamerika	Gini-Koeffizient	Industriestaaten	Gini-Koeffizient
Argentinien	0,52	Australien	0,35
Bolivien	0,45	Deutschland	0,28
Brasilien	0,59	Großbritannien	0,36
Chile	0,57	Japan	0,25
El Salvador	0,53	Norwegen	0,26
Guatemala	0,59	Schweden	0,25
Honduras	0,55	Südkorea	0,32

Tab. 9: Gini-Koeffizienten ausgewählter Länder (Quelle: UNDP 2005)

Abbildungen

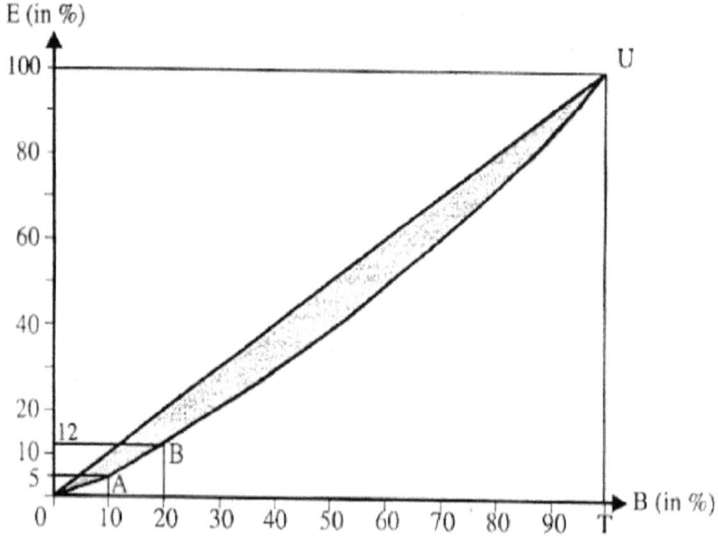

Abb. 1: Lorenzkurve (Quelle: HEMMER 2002: 22)

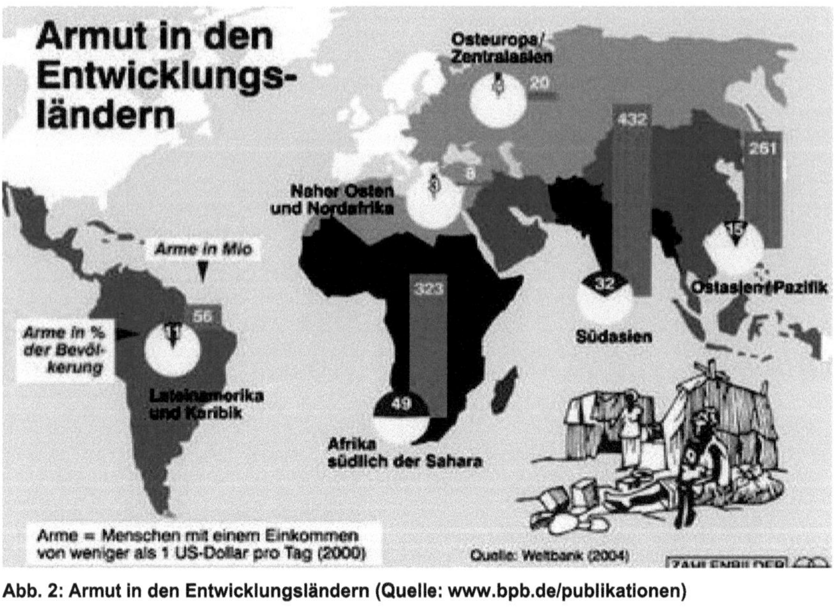

Abb. 2: Armut in den Entwicklungsländern (Quelle: www.bpb.de/publikationen)

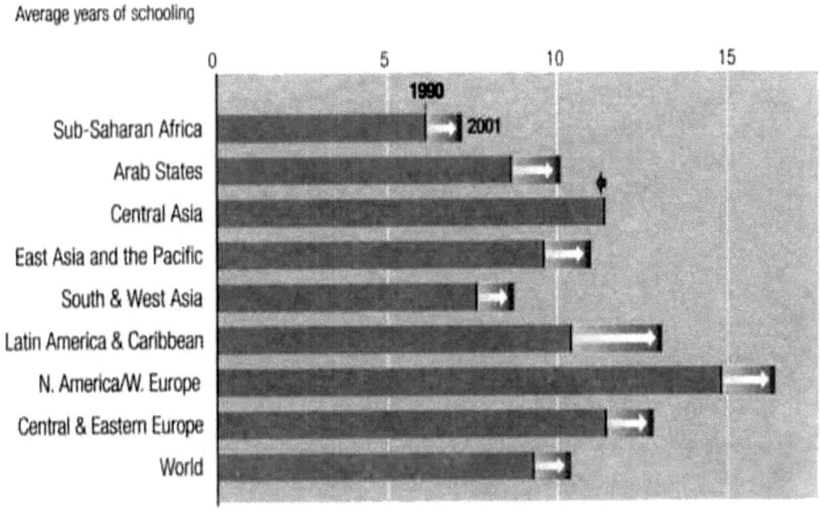

Abb. 3: Durchschnittliche Schuljahre (Quelle: UNDP 2005: 25)

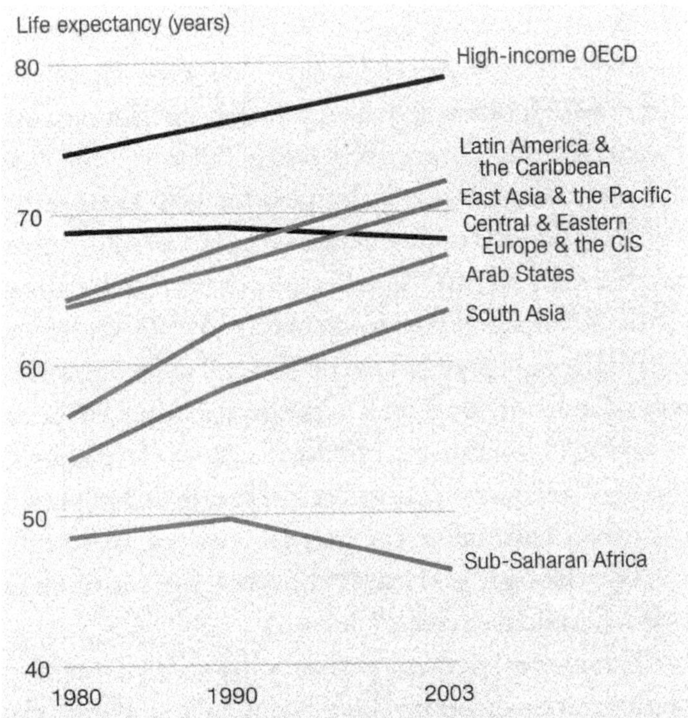

Abb. 4: Durchschnittliche Lebenserwartung (Quelle: UNDP 2005: 19)

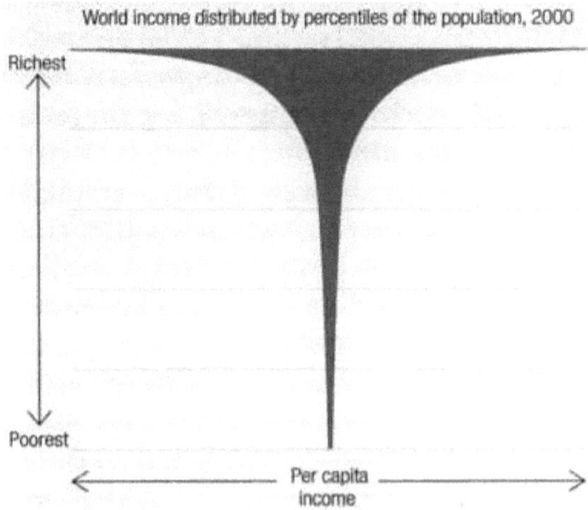

Abb. 5: Verteilung des Welteinkommens (Quelle: UNDP 2005: 37)

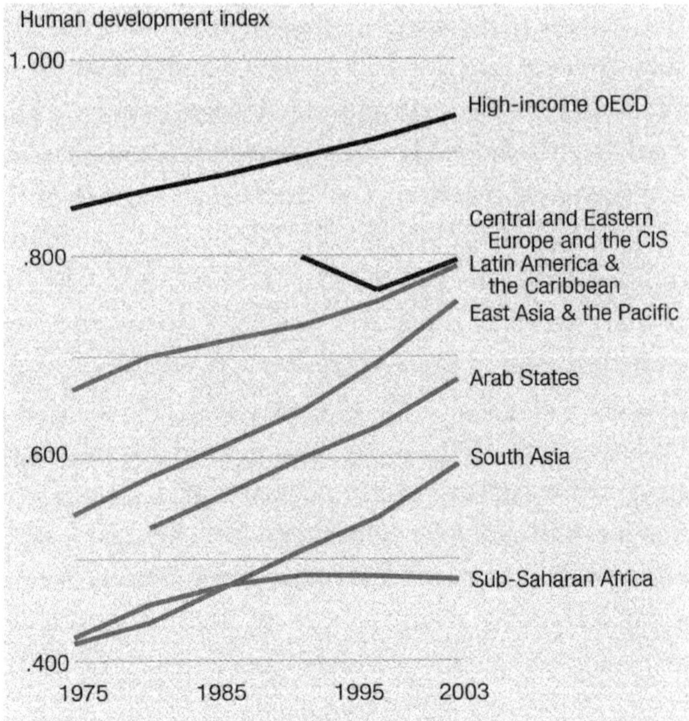

Abb. 6: Entwicklung des HD-Index (Quelle: UNDP 2005: 21)

Abb. 7: Gini-Koeffizient (Quelle: UNDP 2005: 55)

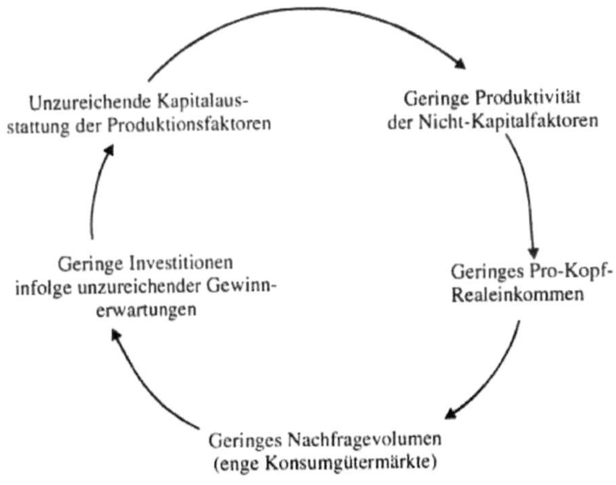

Abb. 8: Teufelskreis der unzureichenden Kapitalnachfrage (Quelle: HEMMER 2002: 192)

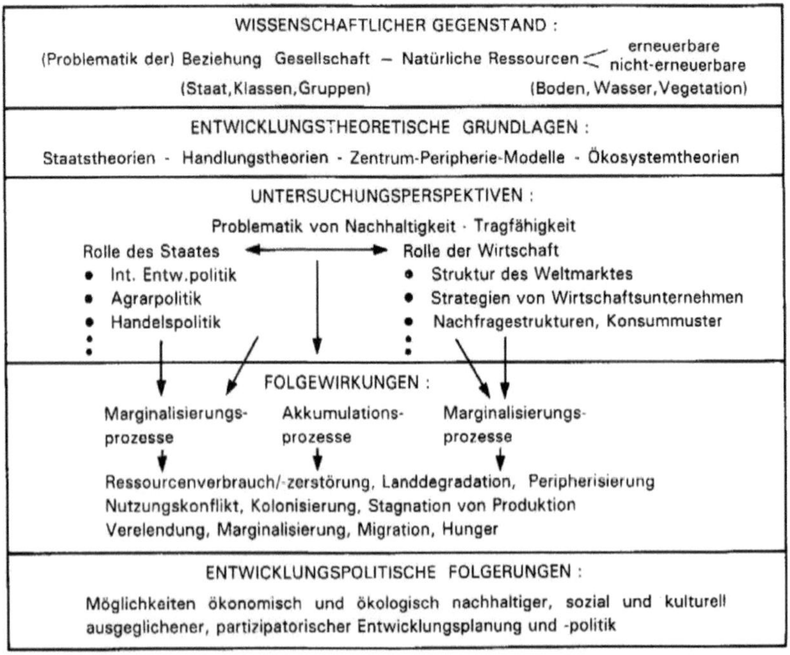

Abb. 9: Schematische Darstellung der „Politischen Ökologie" (Quelle: BOHLE 1995: 62)

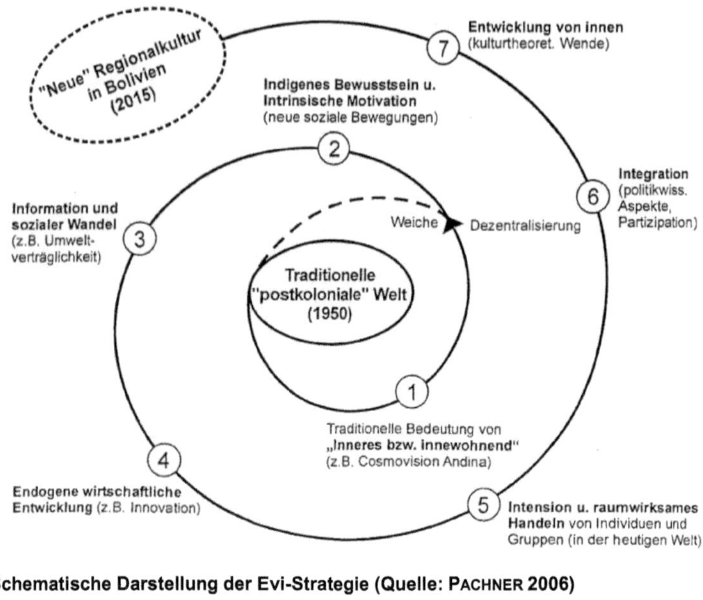

Abb. 10: Schematische Darstellung der Evi-Strategie (Quelle: PACHNER 2006)

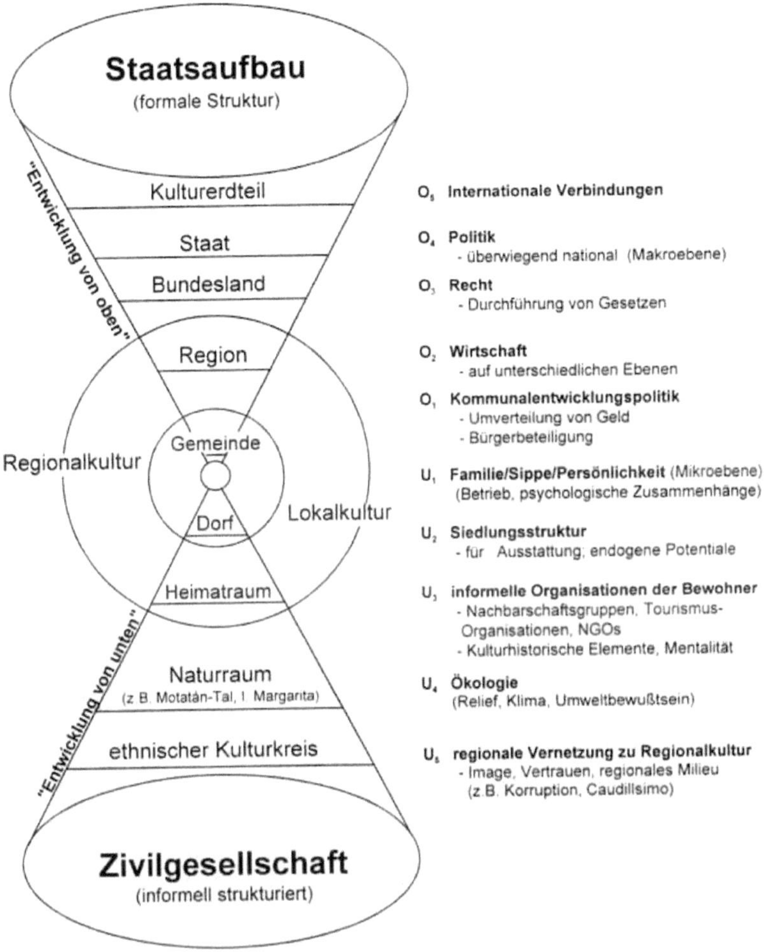

Abb. 11: Schematische Darstellung der Dezentralisierung und nachhaltige Regionalentwicklung (Quelle: PACHNER 1998: 248)

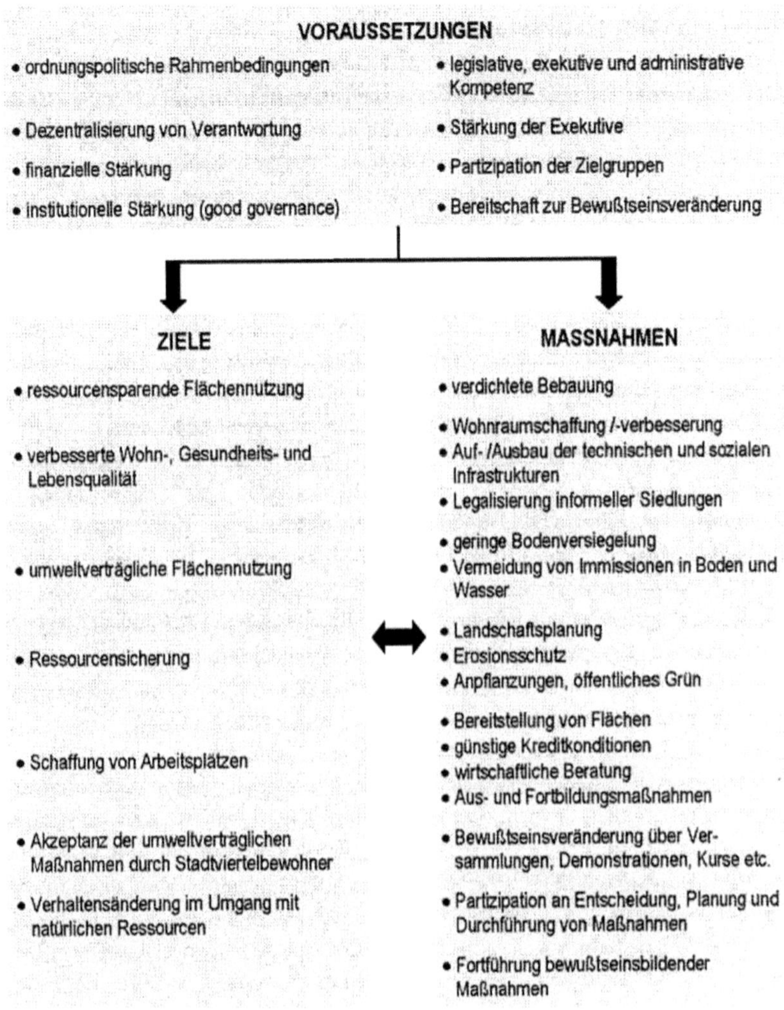

Abb. 12: Schematische Darrstellung zur Nachhaltigen Stadtentwicklung (Quelle: MERTINS 1998: 308)

Literatur

BARGATZKY, T. 1986: Einführung in die Kulturökologie. Berlin.

BECKER, E.: Sozialökologische Transformation. Anmerkung zur politischen Ökologie der Nachhaltigkeit. In: THIEL, R. (Hg.) 1999: Neue Ansätze zur Entwicklungstheorie. S.50-59, Bonn.

BIERSCHENK, T.: Lokale Entwicklungsmakler. Entwicklungshilfe schafft neue Formen des Klientelismus in Afrika. In: THIEL, R. (Hg.) 1999: Neue Ansätze zur Entwicklungstheorie. S.60-69, Bonn.

BLISS, F.: Kultur und Entwicklung: ein zuwenig beachteter Aspekt in Entwicklungstheorie und -praxis. In: Thiel, R. (Hg.) 1999: Neue Ansätze zur Entwicklungstheorie. S.70-81, Bonn.

BOBEK, H. 1962: Problematik der entwickelten Länder. In: SCHOLZ, F. (Hg) 1985: Entwicklungsländer: Beiträge zur Geographie der Entwicklungsforschung. S. 66-91, Darmstadt.

BODEMER, K. et al. (Hg.) 2004: Lateinamerika Jahrbuch, Bd. 13. Hamburg.

BOHLE, H.G. 1994: Dürrekatastrophen und Hungerkrisen. Sozialwissenschaftliche Perspektiven geographischer Risikoforschung. In: GEOGRAPHISCHE RUNDSCHAU, 46 (7/8), S. 400-407.

BOHLE, H.G. et al. : Weltmarktintegration und Umweltprobleme : Einführung. In: BEIER, C. et al. (Hg.) 1995: Die Dritte Welt im Rahmen weltpolitischer und weltwirtschaftlicher Neuordnung. S.. 61-64, Stuttgart.

BUNDESZENTRALE FÜR POLITISCHE BILDUNG: www.bpb.de/publikationen (12.3.2006)

EVERS, H.D.: Macht und Einfluss in der Entwicklungspolitik. Neue Ansätze zur Theorie strategischer Gruppen. In: THIEL, R. (Hg.) 1999: Neue Ansätze zur Entwicklungstheorie. S.164-172, Bonn.

EVERS, H.D. et al. 1988 : Strategische Gruppen. Vergleichende Studien zu Staat, Bürokratie und Klassenbildung in der Dritten Welt. Berlin.

EVERS, H.D. 1988: Strategische Gruppen. Über den Umgang mit Machteliten und ihren Plänen. In: Entwicklung + Zusammenarbeit 1988:3.

GUNDLACH, E.: Humankapital als Motor der Entwicklung. Ein neuer Ansatz der neoklassischen Wachstumstheorie. In: THIEL, R. (Hg.) 1999: Neue Ansätze zur Entwicklungstheorie. S.173-185, Bonn.

HEIN, W.: „Autozentrierte Entwicklung“ - Überlegungen zur Neufundierung eines immer noch wichtigen Konzeptes. In: THIEL, R. (Hg.) 1999: Neue Ansätze zur Entwicklungstheorie. S.218-238, Bonn.

HELMING, S. et al.: Die Entwicklung in die eigene Hand nehmen. Die Theorie der Praxis und die Praxis der Theorie. In: THIEL, R. (Hg.) 1999: Neue Ansätze zur Entwicklungstheorie. S.239-248, Bonn.

HEMMER, H. R. 1988 : Wirtschaftsprobleme der Entwicklungsländer, Eine Einführung. 2. Aufl., München.

HEMMER, H. R. 2002 : Wirtschaftsprobleme der Entwicklungsländer, Eine Einführung. 3. Aufl., München.

HIRSCHBERG, W. 1999: Wörterbuch der Völkerkunde. Berlin.

LACHMANN, W. 2004: Entwicklungspolitik; Band 1: Grundlagen. Wien.

MENZEL, U. 1992: Das Ende der Dritten Welt und das Scheitern der großen Theorie. Frankfurt/M.

MENZEL, U.: 40 Jahre Entwicklungsstrategie = 40 Jahre Wachstumsstrategie. In: NOHLEN, D. et al. (Hg.) 1993: Handbuch der Dritten Welt: Grundprobleme, Theorien, Strategien, Bd. 1. S. 131-155, Bonn.

MERTINS, G.: Limitationen einer nachhaltigen Großstadtentwicklung in Ländern der Dritten Welt. In: KOHLHEPP, G. et al. 1998: Mensch – Umwelt – Beziehungen und nachhaltige Entwicklung in der Dritten Welt. S.297-323, Tübingen.

NOHLEN, D. (Hg) 2002: Lexikon dritte Welt, Länder, Organisationen, Theorien, Begriffe, Personen. Reinbeck.

NOHLEN, D. et al.: Was heißt Unterentwicklung. In: ders. (Hg.) 1993: Handbuch der Dritten Welt. Bd. 1. S.31-54, Bonn.

NUSCHELER, F. 1991: Lehr- und Arbeitsbuch Entwicklungspolitik. Bonn.

PACHNER, H.: Bolivien neu: „Entfaltung von innen“ mehr als Entwicklung von außen. In: Universität Köln (Hg.) 2006: Bolivien. Köln (im Druck).

PACHNER, H.: Dezentralisierung und nachhaltige Regionalentwicklung in Venezuela. In: KOHLHEPP, G. et al. 1998: Mensch – Umwelt – Beziehungen und nachhaltige Entwicklung in der Dritten Welt. S.241-274, Tübingen.

REHRMANN, N. 2005: Lateinamerikanische Geschichte. Hamburg.

SCHUBERT, R.: Armut in Entwicklungsländern. Begriff, Ausmaß, Konsequenzen. In: SCHÄFER, H.B. (Hg) 1994: Armut in Entwicklungsländern. Berlin.

SENGHAAS, D. (Hg.) 1981: Elemente einer Theorie des peripheren Kapitalismus. In: ders.: Peripherer Kapitalismus: Analysen über Abhängigkeit und Unterentwicklung. S.7-36, Frankfurt/M.

UNITED NATIONS DEVELOPMENT PROGRAMM 2005: Human Development Report. New York.

VACAFLOR, A: Bolivien neu erschaffen: Indigene Gemeinschaften bereiten sich auf ihre verstärkte Partizipation im Staat vor. In: ???.

WEISCHET, W. 1980: Die ökologische Benachteiligung der Tropen. Stuttgart.

WELTBANK 2004: Bürger und Politiker. In: ders.: Weltentwicklungsbericht 2004: Funktionierende Dienstleistungen für arme Menschen. S. 91-131, Bonn.

WIECZOREK-ZEUL, H.: Partner für globale Entwicklung. In: BUNDESMINISTERIUM FÜR ZUSAMMENARBEIT UND ENTWICKLUNG (BMZ): www.bmz.de (23.3.2006)